公共建筑
节能技术与监测控制

张维明　著

北方联合出版传媒（集团）股份有限公司
辽宁科学技术出版社
·沈阳·

图书在版编目（CIP）数据

公共建筑节能技术与监测控制 / 张维明著 . -- 沈阳 : 辽宁科学技术出版社, 2025. 5. -- ISBN 978-7-5591-4235-1

I. TU242

中国国家版本馆CIP数据核字第20253QS061号

出版发行：辽宁科学技术出版社

（地址：沈阳市和平区十一纬路25号　邮编：110003）

印 刷 者：辽宁鼎籍数码科技有限公司

幅面尺寸：170mm×240mm

印　　张：14.25

字　　数：300千字

出版时间：2025年5月第1版

印刷时间：2025年5月第1次印刷

策划编辑：王玉宝

责任编辑：高雪坤

封面设计：博瑞设计

版式设计：博瑞设计

责任校对：王春茹

书　　号：ISBN 978-7-5591-4235-1

定　　价：58.00元

编辑电话：13840467987

邮购热线：024-23284502

http://www.lnkj.com.cn

作者简介

张维明(1973.05—),男,汉族,山东栖霞人,本科学历,高级工程师,研究方向为节能工程,曾主持并起草了《烟台市公共机构节能管理办法》《烟台市公共机构节能考核评价办法》《烟台市公共机构合同能源管理暂行办法》及烟台市“十二五”“十三五”“十四五”公共机构节约能源资源规划等,参与了公共机构能耗定额山东省地方标准的编制工作,主持并开展了全国公共机构合同能源管理试点及全省机关事务标准化公共机构节能专项试点工作,取得中央空调节能发明专利1项,荣获“十一五”山东省节能先进个人并记二等功、烟台市优秀共产党员、山东省“十三五”公共机构节能工作表现突出个人等荣誉称号。

前言

在当今社会，随着城市化进程的不断推进和人们生活水平的不断提高，公共建筑作为城市的重要组成部分，其数量和规模都在不断扩大。然而，公共建筑在满足人们日常生活和工作需求的同时，也消耗了大量的能源，成为城市能源消耗的主要来源之一。因此，如何有效降低公共建筑的能耗，提高能源利用效率，已成为摆在我们面前的一项紧迫任务。

建筑节能作为节能减排的重要领域，不仅关乎国家的能源安全和可持续发展，也直接关系着广大人民群众的切身利益。随着全球气候变化的日益严峻，节能减排已成为全球共识，建筑节能更是成了国际社会关注的焦点。各国政府纷纷出台相关政策法规，推动建筑节能技术的发展和应用，力求在保障建筑使用功能和舒适性的前提下，最大限度地降低能耗。

回顾建筑节能技术的发展历程，我们可以看到，从最初的单一节能措施到如今的综合节能系统，从简单的节能技术到复杂的智能控制系统，建筑节能技术经历了翻天覆地的变化。在这一过程中，不仅涌现出大量先进的节能技术和产品，还形成了完善的建筑节能标准和评价体系，为建筑节能工作的深入开展提供了有力支撑。

同时，我们也应清醒地认识到，建筑节能工作仍面临着诸多挑战。一方面，随着建筑功能的多样化和复杂化，节能技术的应用难度不断加大；另一方面，建筑节能工作的推进还受到经济、技术、政策等多方面因素的制约。因此，我们需要不断探索和创新，寻找更加适合当前形势的建筑节能技术和管理模式。

本书旨在系统地介绍公共建筑节能的相关理论、技术和管理方法，为读者提供全面、实用的建筑节能参考。书中不仅涵盖了公共建筑节能的基本概念、发展历程和地域性特点，还深入探讨了建筑节能规划与设计、各系统节能技术的应用、能耗分项计量监测系统，以及在线监测控制技术的应用现状等内容。通过本书的学习，读者能够全面了解公共建筑节能的最新技术和发展趋势，为推动建筑节能工作的深入开展贡献自己的力量。

目 录

第一章 公共建筑节能概述

第一节 公共建筑的概念

一、公共建筑的定义与分类标准

(一)公共建筑的定义

公共建筑,作为民用建筑的重要组成部分,是指那些供人们进行各种公共活动的建筑设施。与居住建筑主要为个人或家庭提供居住空间不同,公共建筑的服务对象更为广泛,它们直接服务于大众的工作、学习、文化、休闲等多元化需求。公共建筑不仅满足了人们的基本生活需求,还承载着城市的文化、历史和社会价值,是城市生活不可或缺的一部分。

1.开放性

公共建筑是向公众开放的,任何人都可以按照规定的程序和要求使用。这种开放性使得公共建筑成为城市社交、文化、教育等活动的重要场所。

2.功能性

公共建筑具有明确的功能定位,如教育、医疗、文化、娱乐等。它们的设计和使用必须充分考虑其功能需求,以提供高效、便捷、舒适的服务。

3.社会性

公共建筑是城市社会生活的缩影,它们反映了城市的文化氛围、历史底蕴、经济发展状况以及社会结构。公共建筑不仅是城市物质文明的体现,更是城市精神文明的载体。

4.多样性

公共建筑的类型多样,涵盖了教育、办公、商业、文化、医疗、体育、交通等多个领域。这种多样性使得公共建筑能够满足不同人群、不同活动的需求。

(二)公共建筑的分类标准

1.按使用功能划分

(1)教育类建筑

这类建筑主要用于教育教学活动,包括幼儿园、小学、中等及高等学校的教学楼、实验楼、图书馆等。教育类建筑的设计需要充分考虑学生的学习和生活需求,创造有利于知识传授和人格培养的环境。

(2)办公类建筑

这类建筑主要用于行政办公、商业洽谈、服务性业务,包括写字楼、政府部门办公楼、企业总部等。办公类建筑的设计需要注重工作效率和舒适度,提供便捷、高效的办公空间。

(3)商业服务类建筑

这类建筑主要用于商业经营活动,为人们提供购物、娱乐、餐饮等服务,包括购物中心、商业街、超市、专卖店等。商业服务类建筑的设计需要充分考虑消费者的购物体验,并创造便捷、舒适和富有吸引力的购物环境。

(4)文化娱乐类建筑

这类建筑主要用于文化展示、艺术表演、休闲娱乐等活动,包括博物馆、图书馆、剧院、音乐厅、展览馆、电影院、游乐场等。文化娱乐类建筑的设计需要充分体现其文化内涵和艺术特色,营造有利于文化传承和艺术创新的环境。

(5)医疗类建筑

这类建筑主要用于提供医疗服务,包括医院、诊所、疗养院、康复中心等。医疗类建筑的设计需要充分考虑患者的就医需求和医护人员的工作需求,创造有利于医疗活动开展的环境。

(6)体育类建筑

这类建筑主要用于体育活动和比赛,包括运动场、体育馆、游泳池、溜冰场等。体育类建筑的设计需要充分考虑运动员的训练和比赛需求,提供安全、舒适的运动环境。

(7)交通类建筑

这类建筑主要用于交通运输和旅客集散,包括机场、火车站、汽车站、地铁站、港口等。交通类建筑的设计需要充分考虑旅客的出行需求和交通安全需求，创造有利于交通顺畅和旅客集散的环境。

此外，还有一些其他类型的公共建筑，如社会福利类建筑（包括养老院、孤儿院、残疾人康复中心等）、通信类建筑（包括邮电局、通信基站、数据中心等）。这些建筑各自具有独特的功能和特点，共同构成了丰富多彩的公共建筑体系。

2.按建筑高度与规模划分

（1）低层建筑

低层建筑一般指建筑高度不超过一定限值（如6m、9m或12m等）的建筑。这类建筑占地面积较大，内部空间较为宽敞，适用于需要较大空间的活动场所。

（2）多层建筑

多层建筑指建筑高度超过低层建筑限值但不超过一定高度（如24m、30m或50m等）的建筑。这类建筑占地面积适中，内部空间结构较为紧凑，适用于需要一定空间但又不宜过大的活动场所。

（3）高层建筑

高层建筑是指建筑高度超过多层建筑限高的建筑。高层建筑在城市中占据重要地位，它们不仅提供了更多的使用空间，还丰富了城市的天际线。高层建筑的设计需要考虑更多的安全因素，如设置完善的消防设施、合理的疏散通道等。

（4）超高层建筑

超高层建筑指建筑高度超过一定限值（如100m、150m或200m等）的建筑。超高层建筑是城市现代化的重要标志之一，它们的设计需要采用最先进的建筑技术和设备来确保建筑的安全性和舒适性。

除了建筑高度外，公共建筑的规模也是分类的重要标准之一。根据公共建筑的建筑面积、占地面积等指标，可以将其划分为大型公共建筑、中型公共建筑和小型公共建筑等多种类型。这些不同类型的公共建筑在城市规划和建设中发挥着不同的作用。

3.按服务对象划分

（1）面向公众的公共建筑

这类建筑主要服务于广大公众，如商场、公园、图书馆、博物馆等。它们的设计和使用需要充分考虑公众的需求和喜好,以创造有利于公众活动的环境。

(2)面向特定人群的公共建筑

这类建筑主要服务于特定的人群或组织,如学校、医院、政府机关等。它们的设计和使用需要充分考虑特定人群或组织的需求和特点,创造有利于其活动开展的环境。

需要注意的是,有些公共建筑可能同时服务于公众和特定人群,如一些大型的文化娱乐中心、体育中心等。这类建筑在设计时需要兼顾不同人群的需求和特点,创造多元化的活动空间。

4.按特殊性质划分

(1)历史建筑

历史建筑是指那些具有历史、文化、艺术等价值的公共建筑,如古建筑、历史博物馆等。这类建筑在设计时需要充分考虑其历史和文化价值,保护其原有的风貌和特色。

(2)纪念性建筑

纪念性建筑指那些为了纪念重大历史事件、重要人物或具有特殊意义的公共建筑,如纪念碑、纪念馆、纪念塔等。这类建筑的设计需要充分体现其纪念意义和价值,创造庄严肃穆的环境。

(3)标志性建筑

标志性建筑指那些具有独特造型和显著特征的公共建筑,如城市地标性建筑、标志性桥梁等。这类建筑的设计需要充分考虑城市形象和文化内涵,创造具有辨识度和吸引力的城市景观。

二、公共建筑的功能特性与使用需求

(一)公共建筑的功能特性

1.多样性与综合性

公共建筑的功能具有多样性和综合性。它们不仅服务于单一的社会活动,而且涵盖了教育、医疗、文化、娱乐、体育、办公等多个领域。例如,一个现代化的城市综合体可能同时包含购物中心、电影院、图书馆、健身房等多种功能空间,满足人们多样化的生活需求。这种多样性和综合性使得公共建筑成为城市生活中不可或缺的一部分。

2. 开放性与公共性

公共建筑是面向社会公众开放的，不受身份、年龄、性别的限制。这种开放性和公共性使得公共建筑成为城市社交、文化交流的重要场所。人们可以在这里自由地进行各种活动，如学习、工作、娱乐、休闲等。同时，公共建筑也承担着传承文化、弘扬价值观的社会责任。

3. 服务性与便利性

公共建筑的主要目的是为公众提供服务。它们通过提供高效、便捷、舒适的空间环境，满足人们在学习、工作、生活等方面的需求。例如，学校为学生提供教育服务，医院为患者提供医疗服务，图书馆为人们提供阅读和学习资源等。这种服务性和便利性使得公共建筑成为城市生活中不可或缺的一部分。

4. 灵活性与可变性

随着城市的发展和人们生活水平的提高，公共建筑的功能需求也在不断变化。因此，公共建筑在设计时需要考虑到功能的灵活性和可变性。例如，一些办公建筑可以通过调整内部空间布局来满足不同企业的办公需求；一些文化娱乐设施可以通过更新设备和内容来适应不同人群的文化需求。这种灵活性和可变性使得公共建筑能够更好地适应城市发展的需求。

5. 文化性与象征性

公共建筑不仅是物质空间的载体，更是城市文化的体现。它们通过独特的建筑风格和造型，展示着城市的历史文脉和文化内涵。同时，一些重要的公共建筑还具有象征意义，代表着城市或国家的形象和地位。例如，巴黎的埃菲尔铁塔、北京的故宫等都是具有象征意义的公共建筑。

（二）公共建筑的使用需求

1. 空间需求

公共建筑的空间需求是其设计和建设的基础。不同类型的公共建筑对空间的需求也不同。例如，学校需要宽敞的教学楼、图书馆、实验室等空间来满足学生的学习和实验需求；医院需要合理的病房布局、手术室、检查室等空间来满足患者的治疗需求。同时，公共建筑还需要考虑人流的集散、方向的转换、空间的过渡等问题，确保空间的流畅性和便捷性。

2. 设施需求

公共建筑需要提供完善的设施来满足人们的使用需求。这些设施包括交通设施（如电梯、扶梯、楼梯等）、服务设施（如休息区、卫生间、饮水机等）、安全设施(如消防设施、监控系统等)。这些设施的设置不仅关系到人们的使用体验,还涉及建筑的安全性和便利性。

3.环境需求

公共建筑的环境需求包括物理环境(如温湿度、光照、通风等)和心理环境(如氛围、色彩、材质等)。良好的物理环境可以提高人们的使用舒适度和工作效率;而良好的心理环境则可以营造愉悦、舒适的空间氛围,提升人们的使用满意度。例如,图书馆需要提供安静、舒适的阅读环境,以满足读者的阅读需求;而商场则需要营造热闹、繁华的购物氛围,以吸引顾客。

4.功能需求

公共建筑的功能需求是其设计和建设的核心。不同类型的公共建筑需要满足不同的功能需求。例如,学校需要提供教学、实验、图书资料等功能空间;医院需要提供诊疗、住院、手术等功能空间;而文化娱乐设施则需要提供演出、展览、观影等功能空间。同时,公共建筑还需要考虑到功能的多样性和可变性,以满足不同人群和活动的需求。

5.无障碍需求

随着社会的进步和人口老龄化的加剧,无障碍设计在公共建筑中的重要性日益凸显。公共建筑需要提供完善的无障碍设施来方便老年人、残疾人等特殊群体的使用。这些设施包括无障碍电梯、扶手、坡道、盲道等。无障碍设计不仅体现了对特殊群体的关怀和尊重,也是城市文明进步的重要标志。

6.智能化需求

随着科技的发展和智能化水平的提高,公共建筑对智能化的需求也在不断增加。智能化设施可以提高公共建筑的管理效率和服务水平,为人们提供更加便捷、舒适的使用体验。例如,智能照明系统可以根据室内光线自动调节亮度;智能温控系统可以根据室内温度自动调节空调温度;而智能安防系统则可以实时监控建筑内外的安全状况。

7.可持续性需求

在全球变暖和环境保护的大背景下,公共建筑的可持续性需求也越来越受到关注。可持续性要求公共建筑在使用过程中要节能、环保、经济、安全。在建筑设计阶段就需要考虑到节水、节能、减少二氧化碳排放等问题,以减少对环境的影响。同时，在建筑材料的选择和施工过程中也需要注重其对环境的影响。

三、公共建筑在城市建设中的布局规划

（一）公共建筑布局规划的基本原则

1.服务半径与可达性

公共建筑的布局首先应考虑其服务半径和可达性。服务半径是指公共建筑能够为周边居民提供服务的最大距离，合理的服务半径能够确保居民在较短时间内到达公共建筑，享受其提供的服务。可达性则是指居民到达公共建筑的便捷程度，包括交通方式、交通时间、交通成本等因素。在布局规划中，应尽量将公共建筑设置在交通便利、人流密集的区域，以减少居民的出行成本和时间。

2.功能配套与互补性

公共建筑的布局还应考虑其功能的配套与互补性。不同类型的公共建筑之间应形成合理的配套关系，以满足居民多样化的需求。例如，学校、医院、图书馆、体育馆等公共建筑应相互靠近，形成功能互补的综合服务区，方便居民在同一区域内完成学习、医疗、文化娱乐等多种活动。

3.空间形态与景观效果

公共建筑的布局还需考虑其对城市空间形态和景观效果的影响。合理的布局能够形成有序、美观的城市空间形态，提升城市的整体形象。同时，公共建筑作为城市的重要景观元素，其造型、风格、色彩等应与周边环境相协调，形成和谐统一的景观效果。

4.历史文脉与地域特色

在公共建筑布局规划中，还应尊重城市的历史文脉和地域特色。公共建筑作为城市文化的载体，其布局应体现城市的历史传承和文化底蕴。同时，结合地域特色进行布局规划，能够形成具有独特魅力的城市风貌。

（二）公共建筑布局规划的关键因素

1.城市规划与土地利用

城市规划是公共建筑布局规划的基础。在城市规划中，应明确公共建筑

的类型、数量、分布等要求，并将其纳入土地利用规划中。土地利用规划应充分考虑公共建筑对土地资源的占用和影响，合理安排土地用途和布局，以实现城市土地资源的优化配置和高效利用。

2.交通网络与交通设施

交通网络是公共建筑布局规划的重要考虑因素。公共建筑应设置在交通便利、人流密集的区域，以方便居民到达。同时，应完善周边的交通设施，如道路、桥梁、停车场等，以提高交通的便捷性和安全性。此外，还应考虑公共交通与私人交通的衔接问题，鼓励居民使用公共交通工具前往公共建筑。

3.人口分布与人口结构

人口分布和人口结构对公共建筑布局规划具有重要影响。应根据人口分布和人口结构的特点，合理安排公共建筑的类型、数量和分布。例如，在人口密集的区域应增加公共建筑的数量和密度，以满足居民的需求；在老年人和儿童较多的区域应增加学校和医院等公共建筑的数量和规模。

4.自然环境与生态环境

自然环境和生态环境是公共建筑布局规划的重要考虑因素。公共建筑应尊重自然环境和生态环境，避免对生态环境造成破坏和污染。在布局规划中，应尽量将公共建筑设置在生态环境良好的区域，如公园、绿地、水体等周边。同时，还应注重公共建筑的节能、环保和可持续发展问题，采用绿色建筑技术和材料，降低建筑对环境的影响。

5.经济发展与社会需求

经济发展和社会需求是公共建筑布局规划的重要驱动力。随着城市经济的发展和社会需求的变化，公共建筑的布局规划也应随之调整和优化。例如，在经济发展较快的区域应增加商业、办公等公共建筑的数量和规模；在文化旅游等特色产业发达的区域应增加文化娱乐、旅游服务等公共建筑的数量和类型。

四、公共建筑对能源消耗的影响分析

(一)公共建筑能源消耗的主要特点

1.能源消耗量大

公共建筑由于体量大、使用人数多、设备复杂等特点，其能源消耗量通常远超普通住宅。据统计，大型商场、高档宾馆、酒店、高档写字楼等公共建筑在全年能耗中，空调制冷与采暖系统能耗占比50%~60%，照明能耗占比20%~30%。这些高能耗设备长时间运行，导致公共建筑成为城市能源消耗的主要来源之一。

2. 能源消耗类型多样

公共建筑的能源消耗类型多样，主要包括电力、燃气、燃油等。其中，电力消耗主要用于照明、空调、电梯、网络设备等的运行；燃气和燃油则主要用于采暖、烹饪等。不同类型的能源消耗在公共建筑总能耗中的占比因建筑类型、气候条件、使用习惯等因素而异。

3. 能源消耗波动大

公共建筑的能源消耗具有较大的波动性。一方面，不同季节、不同时间段，公共建筑的能耗差异显著。例如，夏季和冬季由于需要制冷和采暖，空调系统的能耗会大幅增加；而白天和夜晚由于使用人数和设备运行时间的差异，照明和电梯等设备的能耗也会有所变化。另一方面，不同公共建筑之间的能耗也存在较大差异，这受到建筑类型、规模、使用习惯等多种因素的影响。

（二）公共建筑能源消耗的主要影响因素

1. 建筑本体因素

建筑本体因素是影响公共建筑能源消耗的重要因素之一。这包括建筑的功能、规模、内部空间布局、围护结构性能等。例如，大型商场、高档宾馆、酒店等公共建筑由于体量大、使用人数多，其能源消耗量通常较高；而围护结构性能的好坏则直接影响建筑的保温隔热性能，进而影响建筑的能源消耗。

2. 设备因素

设备因素也是影响公共建筑能源消耗的关键因素之一。这包括照明设备、空调系统、电梯等设备的类型、性能、运行方式等。例如，采用高效节能的LED照明设备可以降低照明能耗，而采用高效节能的空调系统则可以降低制冷和采暖的能耗。此外，设备的运行方式也对能源消耗有重要影响。例如，采用变频技术的空调系统可以根据室内温度和人员流动情况自动调节运行功率，从而降低能耗。

3. 行为因素

行为因素同样对公共建筑能源消耗产生重要影响。这包括使用者的行为习惯、节能意识等。例如，使用者合理设置空调温度、合理使用照明设备、充分利用自然光等行为都可以有效降低能耗。此外，公共建筑的管理者也可以通过制定合理的节能管理制度、加强节能宣传教育等措施来提高使用者的节能意识，从而降低建筑能耗。

4. 环境因素

环境因素也是影响公共建筑能源消耗的重要因素之一。这包括气候条件、地理位置、周边建筑环境等。例如，气候条件的不同会导致公共建筑在制冷和采暖方面的能耗差异显著；而地理位置和周边建筑环境则会影响建筑的采光、通风等条件，进而影响建筑的能源消耗。

（三）公共建筑能源消耗对环境和社会的影响

1. 对环境的影响

公共建筑的高能耗不仅加剧了全球能源危机，还对环境产生了严重的负面影响。一方面，大量的能源消耗导致了大量的温室气体排放，加剧了全球气候变化和生态破坏；另一方面，能源消耗过程中产生的废气、废水、废渣等污染物也对环境造成了污染和破坏。

2. 对社会的影响

公共建筑的高能耗不仅增加了城市的能源负担和经济成本，还对社会的可持续发展产生了不利影响。一方面，高能耗导致了能源价格的上涨和生活成本的增加，给居民和企业带来了经济压力；另一方面，高能耗也加剧了城市的能源供需矛盾，对城市的能源安全构成了威胁。

第二节 建筑节能的概念

一、建筑节能的基本定义与内涵

（一）建筑节能的基本定义

建筑节能，简而言之，就是在保证建筑使用功能和室内热环境质量的前提下，通过采用节能型的建筑材料、技术和产品，提高建筑的能源利用效率，降低建筑在使用过程中的能源消耗。这一定义包含了以下几个关键要素。

1.保证建筑使用功能和室内热环境质量

建筑节能的前提是确保建筑满足人们的居住、工作、学习等需求,同时提供舒适的室内热环境。这要求建筑节能措施必须在不影响建筑功能和使用体验的前提下进行。

2.采用节能型的建筑材料、技术和产品

建筑节能的实现离不开节能型建筑材料、技术和产品的应用。这些材料、技术和产品具有更高的能效和更低的能耗,能够在保证建筑性能的同时,有效降低能源消耗。

3.提高建筑的能源利用效率

建筑节能的核心在于提高建筑的能源利用效率。这要求建筑在规划、设计、建造和使用过程中必须充分考虑能源的合理利用和有效回收,减少能源浪费。

4.降低建筑在使用过程中的能源消耗

建筑节能的最终目标是降低建筑在使用过程中的能源消耗。这要求建筑节能措施必须贯穿建筑的全生命周期,从源头上减少能源需求,提高能源利用效率。

(二)建筑节能的内涵解析

建筑节能的内涵丰富而深刻,它不仅涉及建筑的规划、设计、建造、使用及改造等全生命周期,还涉及建筑材料、建筑技术、建筑设备等多个方面。

1.全生命周期的节能理念

(1)规划阶段

在建筑的规划阶段,就需要充分考虑建筑节能的要求。这包括选择合适的建筑地点、合理的建筑布局、充足的自然采光和通风设计等。这些措施能够从根本上降低建筑的能耗,为后续的设计和建造打下良好的基础。

(2)设计阶段

设计阶段是实现建筑节能的关键环节。这要求建筑师在设计中充分考虑建筑的能效和能耗,采用节能型建筑材料、技术和产品,提高建筑的保温隔热性能,减少能源浪费。

(3)建造阶段

在建筑的建造过程中,必须严格执行建筑节能标准和施工质量验收规范,确保建筑的质量和节能效果。同时,还需要加强对施工过程的监督和管理,防止施工过程中出现能源浪费和环境污染问题。

(4)使用阶段

建筑的使用阶段是建筑节能效果体现的重要环节。这要求建筑物的使用者养成良好的节能习惯,合理使用建筑设备,减少能源浪费。同时,还需要加强对建筑设备的维护和管理,确保其正常运行和高效节能。

(5)改造阶段

对于既有建筑,可以通过节能改造来提高其能效和降低能耗。这包括改善围护结构的保温隔热性能、采用新型节能门窗、更换高效节能设备等措施。

2.多方面的节能措施

(1)建筑材料方面

建筑节能离不开节能型建筑材料的应用。这些材料具有更高的能效和更低的能耗,能够在保证建筑性能的同时有效降低能源消耗。例如,采用新型节能墙体材料、节能型门窗、节能玻璃等。

(2)建筑技术方面

建筑节能还涉及众多节能技术的应用。这些技术包括围护结构保温隔热技术、建筑遮阳技术、太阳能与建筑一体化技术、新型供冷供热技术、照明节能技术等。这些技术的应用能够显著提高建筑的能效和降低能耗。

(3)建筑设备方面

建筑节能还离不开高效节能设备的应用。这些设备具有更高的能效和更低的能耗,能够在保证建筑功能和使用体验的前提下,有效降低能源消耗。例如,采用高效节能的空调设备、照明设备、电梯等。

3.综合性的节能效果

(1)经济效益

建筑节能不仅有助于降低建筑在使用过程中的能源消耗和运行成本,还能够提高建筑的耐久性和价值。这对于建筑物的所有者和使用者来说,都是可观的经济效益。

(2)环境效益

建筑节能还有助于减少温室气体排放和环境污染。通过降低建筑的能耗,可以减少化石燃料的使用和碳排放量,有助于应对全球气候变化和改善空气质量。

(3)社会效益

建筑节能还有助于促进能源供应的安全稳定,减少对进口能源的依赖。同时,建筑节能产业的发展还能够带动相关产业链的发展,创造就业机会和经济增长点。

二、建筑节能的重要性与紧迫性

(一)建筑节能的重要性

1.经济意义

建筑节能是指在建筑的全生命周期中,从材料生产到建筑施工及使用过程中,合理、有效地利用能源,以降低能耗,提高建筑的舒适性并节省能源。这不仅能够降低建筑使用过程中的能源费用,从长期来看,还能为业主和使用者节省大量资金。例如,节能建筑的供暖、制冷和照明成本相比传统建筑可降低30%~50%。对商业建筑来说,节能可大幅提升经济效益,增强市场竞争力。

此外,建筑节能还能带动相关产业的发展,如新型节能材料、节能设备、节能服务等,形成新的经济增长点。这些产业的发展不仅能创造就业机会,还能推动技术创新和产业升级。

2.环境意义

建筑节能是减少能源消耗、降低环境污染的重要途径。建筑用电、用气、用水等都会导致大量的能源浪费和碳排放,加剧全球变暖、空气污染等环境问题。通过实施建筑节能,可以显著降低温室气体排放,改善空气质量,保护生态平衡。例如,每节约1度电,相应减少约0.997kg二氧化碳排放。

同时,建筑节能还能减少对自然资源的消耗,缓解资源紧张问题。随着全球人口的增长和经济的发展,资源需求不断增加,而许多资源如石油、天然气等都是不可再生的。通过节能,可以延长这些资源的使用寿命,为后代留下更多的资源。

3.社会意义

建筑节能有助于促进能源供应的安全稳定,减少对进口能源的依赖。在当前国际能源形势下,能源安全已经成为各国关注的重点问题。通过提高建筑节能水平,可以降低对外部能源的依赖程度,增强国家的能源安全保障能力。

此外,建筑节能还能提升建筑品质和居住舒适度,增进居民生活质量和幸福感。节能建筑通常采用先进的设计理念和节能技术,能够提供更加健康、舒适、安全的室内环境。这对于提高人们的生活质量、促进社会和谐稳定具有重要意义。

(二)建筑节能的紧迫性

1.能源形势严峻

当前,世界范围内石油、煤炭、天然气3种传统能源日趋枯竭,人类将不得不转向成本较高的生物能、水能、地热、风力、太阳能、核能等可再生能源。而我国的能源问题更加严重,能源供需矛盾日益突出。建筑业作为高耗能行业之一,其能耗增长的速度远远超过我国能源生产增长的速度。如果不采取有效措施降低建筑能耗,将给国民经济带来沉重的负担。

据统计,我国建筑能耗在全社会能源消费总量中的占比逐年上升,目前已经达到近30%。这将严重制约我国经济的可持续发展和人民生活水平的提高。

2.环境污染严重

建筑能耗的快速增长不仅加剧了能源紧张局势,还导致了严重的环境污染问题。建筑用电、用气、用水等都会导致大量的能源浪费和碳排放,加剧全球变暖、空气污染等环境问题。这些环境问题不仅威胁人类的生存环境,还对生态平衡造成严重的破坏。

此外,建筑施工过程中还会产生大量的废弃物和污染物,如建筑垃圾、粉尘、噪声等。这些废弃物和污染物对环境的影响也是不容忽视的。因此,通过实施建筑节能,可以显著降低建筑施工和使用过程中的环境污染程度。

3.社会需求增加

随着城市化进程的加速发展和人民生活水平的提高,人们对建筑热舒适性的要求也越来越高。采暖和空调的使用越来越普遍,采暖地区向南发展,北方地区越来越多也使用空调；居民家用电器的品种、数量日益增多，致使照明、热水供应、炊事、电气等方面的能耗迅速增加。

同时，农村用能结构的变化也改变了城市建筑能源的分配。过去农村多采用薪柴、秸秆等生物质燃料采暖和炊事，现在则越来越多地改用煤、天然气、电等商品能源。这些变化都增加了建筑能耗的总量和增长速度。因此，从社会需求的角度来看，建筑节能也是刻不容缓的。

4.政策支持加强

近年来，我国政府对建筑节能工作的重视程度不断提高，出台了一系列政策法规和标准规范来推动建筑节能工作的开展。例如，《民用建筑节能条例》《公共建筑节能设计标准》《夏热冬冷地区居住建筑节能设计标准》等。这些政策法规和标准规范为建筑节能工作提供了有力的法律保障和技术支持。

同时，政府还通过财政补贴、税收优惠等政策措施来鼓励建筑节能技术的研发和应用。这些政策措施的实施为建筑节能工作提供了有力的经济激励和市场导向。因此，从政策支持的角度来看，建筑节能也是具有紧迫性的。

三、建筑节能的核心原则与目标设定

（一）建筑节能的核心原则

1.综合设计原则

建筑节能的综合设计原则强调在建筑设计过程中，应充分考虑建筑的功能、结构、建筑物理特性、环境要素等多个方面的因素，并进行综合权衡。这意味着建筑节能不再是单一技术或措施的应用，而是需要综合考虑建筑的整体规划和布局，以及建筑内外环境的相互作用。例如，通过优化建筑的朝向、体型系数和窗墙比，可以充分利用自然光和太阳能，减少建筑对人工照明的需求；通过选择高效的保温隔热材料和合理的构造方式，可以降低建筑的传热系数，从而减少供暖和制冷的能耗。

2.保温隔热原则

保温隔热是建筑节能设计的重要内容。通过选择合适的保温材料和隔热构造，可以降低外界温度对建筑内部温度的影响，减少建筑对供暖和制冷的依赖。在建筑节能设计中，应优先考虑使用高性能的保温隔热材料，如岩棉、玻璃棉、聚氨酯等，并合理设计保温隔热层的厚度和构造方式，以确保建筑的保温隔热性能。

3.采光与通风原则

合理利用自然采光和通风是建筑节能设计的重要策略。通过优化建筑的朝向、窗户设计,采用光管等技术手段可以最大限度地利用自然光线,减少对人工照明的需求。同时,通过设计合理的通风系统和通风口,可以提高室内空气质量,降低人工通风和冷却设备的使用频率和能耗。例如,在建筑设计中采用中庭空间、天井等设计手法,可以促进自然通风和采光,提高建筑的舒适性。

4.节能供暖与制冷原则

节能供暖与制冷是建筑节能设计的重要环节。通过选择高效的供暖和制冷设备,合理设计供暖与制冷系统,以及规范操作方式,可以大幅度减少能源的消耗和浪费。例如,采用地源热泵、太阳能等可再生能源,通过智能化调控系统实现供暖与制冷的精确控制,可以显著提高建筑的能源利用效率。

5.水的节约与利用原则

建筑节能设计还应注重水的节约和利用。通过设计合理的雨水回收系统和污水处理系统,可以将水的循环利用率提高到最大限度,减少对自来水的依赖。此外,合理设计园林绿化和景观规划,采用节水灌溉等技术手段,可以降低用水量,并增强建筑的环境适应性。

6.智能化管理与控制原则

随着科技的发展,智能化管理与控制已成为建筑节能设计的新趋势。通过应用先进的自动化控制系统和远程监控技术,可以实时监测建筑内部的环境参数和能源消耗情况,对供暖、制冷、照明等系统进行精确控制和管理,实现能源的高效利用和最优化分配。例如,通过智能电表、智能温控系统等设备,可以实时监测建筑的用电量和室内温度,并根据实际需求进行自动调节,提高建筑的能源利用效率。

（二）建筑节能的目标设定

1.提高建筑的能源利用效率

建筑节能的首要目标是提高建筑的能源利用效率。这包括降低建筑的能耗强度、提高建筑的能源利用系数等方面。通过采用高效节能的建筑材料和设备,优化建筑的设计和构造方式等手段,可以显著降低建筑的能耗水平,提高建筑的能源利用效率。

2.促进可再生能源的利用

可再生能源的利用是建筑节能工作的重要组成部分。通过在建筑设计中融入太阳能、风能等可再生能源系统，如安装太阳能光伏板、风力发电机等，可以为建筑提供清洁、可再生的能源，减少对传统能源的依赖。同时，通过优化可再生能源系统的设计和运行方式，可以提高可再生能源的利用效率和可靠性。

3.改善建筑的室内环境质量

建筑节能工作不仅关乎能源的高效利用，还直接影响建筑的室内环境质量。通过优化建筑的采光、通风、保温隔热等性能，可以提高建筑的舒适性和健康性。例如，通过采用高效节能的照明系统、合理的通风设计等手段，可以创造更加舒适、健康的室内环境，提高居民的生活质量。

4.推动建筑节能技术的研发和应用

建筑节能工作的推进离不开建筑节能技术的研发和应用。通过加大对建筑节能技术研发的投入，推动建筑节能技术的创新和发展，可以为建筑节能工作提供有力的技术支撑。同时，通过推广和应用成熟的建筑节能技术，可以加速建筑节能工作的进程，提高建筑节能的效果和水平。

5.实现建筑的全生命周期节能

建筑节能工作应贯穿于建筑的全生命周期中，包括规划、设计、施工、运营及拆除等各个阶段。通过实现建筑的全生命周期节能，可以最大限度地减少建筑对环境的负面影响，提高建筑的可持续性和生态性。例如，在建筑的规划阶段就应考虑节能因素，制订合理的节能方案；在建筑的施工阶段应采用环保材料和节能技术，降低施工过程中的能耗和污染；在建筑的运营阶段应加强能源管理，提高建筑的能源利用效率。

四、建筑节能与可持续发展的关系探讨

（一）建筑节能与可持续发展的内在一致性

建筑节能与可持续发展在本质上是高度一致的。可持续发展是指在满足当前世代需求的同时，不损害后代满足其需求的能力。这一理念强调了资源的合理利用、环境的保护以及经济、社会、环境的协调发展。而建筑节能则是

指通过采用科学合理的设计理念和技术手段，最大限度地降低建筑物的能源消耗，实现资源的高效利用和环境的保护。

建筑节能与可持续发展在目标上是一致的。两者都追求环境友好、资源节约和社会经济的可持续发展。通过实施建筑节能，可以减少建筑对化石能源的依赖，降低温室气体排放，缓解能源紧张局势，保护生态环境。这不仅有助于实现建筑行业的绿色转型，还能为社会的可持续发展做出贡献。

（二）建筑节能对可持续发展的促进作用

建筑节能在可持续发展中发挥着积极的促进作用。首先，建筑节能有助于降低能源消耗，提高能源利用效率。建筑是能源消耗的主要领域之一，通过采用高效节能的建筑材料、设备和系统，可以显著降低建筑的能耗水平。例如，使用高性能的保温隔热材料可以减少建筑的热损失，提高建筑的保温隔热性能；采用高效节能的照明系统、供暖和制冷设备可以降低建筑的用电量和能耗强度。这些措施不仅有助于降低建筑的运营成本，还能为社会的可持续发展提供能源保障。

其次，建筑节能有助于减少环境污染，保护生态环境。建筑能耗的降低意味着能源消耗的减少，从而减少了温室气体排放和污染物排放。例如，采用可再生能源如太阳能、风能等可以为建筑提供清洁、可再生的能源，减少对化石能源的依赖和环境污染。同时，通过优化建筑的采光、通风和排水等设计，可以提高建筑的舒适性和健康性，减少对人体健康和环境的影响。

再次，建筑节能有助于推动建筑行业的绿色转型，实现经济、社会、环境的协调发展。建筑节能技术的研发和应用可以带动相关产业的发展，如新型节能材料、节能设备、智能控制系统等，形成新的经济增长点。同时，建筑节能还可以提高建筑的品质和竞争力，满足人们对高品质居住和工作环境的需求。这些措施不仅有助于推动建筑行业的绿色转型，还能为社会的可持续发展提供有力支撑。

（三）可持续发展对建筑节能的引导与要求

可持续发展对建筑节能提出了明确的要求和指导。首先，可持续发展要求建筑节能必须遵循环境友好和资源节约的原则。这意味着在建筑设计和施工过程中，应充分考虑环境因素和资源利用效率，采用环保材料和技术手段，减少对环境的破坏和资源的浪费。例如,在建筑设计和施工过程中,应优先选用可再生、可回收或低环境影响的材料,避免使用有害化学物质和产生大量废弃物。

其次,可持续发展要求建筑节能必须注重经济、社会、环境的协调发展。这意味着在建筑节能工作中,应充分考虑经济、社会、环境3个方面的因素,实现三者的协调发展。例如,在推广建筑节能技术和产品时,应充分考虑其经济性和可行性,避免盲目追求节能效果而忽视经济成本和社会效益。同时,在建筑节能工作中,还应充分考虑社会因素,如居民的生活习惯、文化背景等,确保节能措施的实施能够得到社会的广泛支持和认可。

再次,可持续发展要求建筑节能必须注重长期性和系统性。这意味着在建筑节能工作中,应充分考虑建筑的全生命周期,从规划、设计、施工、运营到拆除等各个环节都应注重节能和环保。同时,建筑节能工作还应注重与其他领域的协同配合,如城市规划、交通运输、环境保护等,形成系统的节能和环保体系。

第三节　国内外建筑节能的发展历程

一、国外建筑节能的起步与发展阶段

(一)国外建筑节能的起步背景

建筑节能的起步与全球能源危机、环境问题的日益严峻,以及人们对生活质量要求的提高密切相关。20世纪70年代初,全球范围内爆发了严重的能源危机,石油价格的飞涨使得能源供应变得紧张,各国开始意识到节约能源的重要性。建筑行业作为能源消耗的主要行业之一,自然成了节能减排的重点对象。

与此同时,随着工业化、城市化的快速推进,建筑业的迅猛发展也带来了严重的环境问题。建筑在生产、使用过程中的能耗和碳排放对大气、水资源、土地资源等造成了巨大的压力。人们开始反思传统的建筑设计和建造方式,探索更加环保、节能的建筑模式。

在此背景下，各国政府纷纷出台政策，鼓励和支持建筑节能技术的研发和应用。建筑节能的起步，不仅是为了应对能源危机，更是为了实现可持续发展，为后代留下一个更加宜居、环保的地球。

（二）国外建筑节能的早期探索阶段

在建筑节能的起步阶段，各国主要进行了理论探索和技术研发。科学家们开始研究建筑能耗的构成和影响因素，探索提高建筑能效的途径和方法。同时，建筑师们也开始在设计中融入节能理念，尝试采用新型建筑材料和构造技术来降低建筑能耗。

在这一阶段，建筑节能技术主要集中在提升建筑围护结构的保温隔热性能上。例如，通过改进墙体、屋顶、门窗等围护结构的构造和材料，提高建筑的保温隔热性能，减少热损失和热桥现象。此外，人们还开始研究高效节能的采暖、制冷和照明系统，以及可再生能源在建筑中的应用。

随着技术的不断进步和人们对节能认识的提高，建筑节能技术逐渐从理论走向实践。一些发达国家开始在一些公共建筑和住宅项目中试点应用建筑节能技术，取得了显著的效果。这些实践不仅验证了建筑节能技术的可行性和有效性，也为后续的推广和应用奠定了基础。

（三）国外建筑节能的快速发展阶段

进入20世纪80年代后，随着全球能源危机的缓解和人们环保意识的提高，建筑节能进入了快速发展阶段。各国政府纷纷出台了更加严格的建筑节能法规和标准，要求新建建筑必须满足一定的节能要求。同时，政府还通过财政补贴、税收优惠等激励措施，鼓励和支持建筑节能技术的研发和应用。

在这一阶段，建筑节能技术取得了显著的进步。新型建筑材料和构造技术不断涌现，如高性能保温隔热材料、高效节能门窗、智能控制系统等。这些技术的应用极大地提高了建筑的能效水平，降低了建筑能耗和碳排放。

与此同时，建筑节能的理念也逐渐深入人心。建筑师们在设计中更加注重节能和环保，将建筑节能作为建筑设计的重要组成部分。开发商和业主也开始认识到建筑节能的重要性，愿意投资采用节能技术和产品。这些因素共同推动了建筑节能的快速发展。

在这一阶段，一些发达国家已开始探索零能耗建筑和近零能耗建筑的概念和实践。这些建筑通过采用高效的节能技术和可再生能源系统，实现了建筑能耗的极大降低甚至达到了零能耗。这些实践不仅展示了建筑节能的潜力，也为后续的推广和应用提供了宝贵的经验。

（四）国外建筑节能的成熟与完善阶段

进入21世纪后，随着全球气候变化日益严峻和人们对可持续发展的认识的提高，建筑节能进入了成熟与完善阶段。各国政府纷纷出台更加严格的建筑节能法规和标准，要求新建建筑必须满足更高的节能要求。同时，政府还通过财政补贴、税收优惠等激励措施，鼓励和支持建筑节能技术的研发和应用。

在这一阶段，建筑节能技术已经相当成熟和完善。各种新型建筑材料和构造技术不断涌现，如真空绝热板、纳米孔硅酸盐保温材料、气凝胶等。这些技术的应用使得建筑的保温隔热性能得到了极大的提升，进一步降低了建筑能耗和碳排放。

与此同时，建筑节能的理念也逐渐深入人心。建筑师们在设计中更加注重节能和环保，将建筑节能作为建筑设计的核心要素。开发商和业主也开始认识到建筑节能的重要性，愿意投资采用更加先进的节能技术和产品。这些因素共同推动了建筑节能的快速发展和广泛应用。

在这一阶段，各国政府还开始推动建筑节能与可再生能源的结合。通过采用太阳能、风能等可再生能源系统，为建筑提供清洁、可再生的能源供应。这种结合不仅有助于降低建筑能耗和碳排放，还能提高建筑的自给自足能力，实现更加可持续的发展。

此外，各国政府还开始推动建筑节能与智能建筑的结合。通过采用物联网、大数据、人工智能等先进技术，实现建筑的智能化运行和管理。这种结合有助于提高建筑的能效水平和管理效率，降低建筑能耗和碳排放。

二、国内建筑节能的政策推动与实践成果

（一）国内建筑节能的政策推动

近年来，随着全球气候变化带来的严峻挑战和我国对可持续发展目标的追求，建筑节能已成为国家能源战略和环境保护政策的重要组成部分。政府通过一系列政策措施，积极推动建筑节能的发展，为构建绿色、低碳、环保的建

筑体系奠定了坚实的基础。

1.制定和完善建筑节能法律法规

政府高度重视建筑节能工作，近年来相继出台了一系列法律法规，如《节约能源法》《民用建筑节能条例》等，明确了建筑节能的法律地位和责任主体。这些法律法规为建筑节能提供了法律保障，推动了建筑节能工作的规范化、法制化进程。同时，政府还不断修订和完善建筑节能标准，如《建筑节能设计标准》《建筑节能工程技术标准》等，提高了建筑节能的技术要求和管理水平。

2.出台激励政策引导建筑节能发展

为了鼓励和支持建筑节能技术的研发和应用，政府出台了一系列激励政策。例如，对采用节能技术和产品的项目给予财政补贴、税收优惠等经济激励措施；对节能效果显著的项目给予表彰和奖励，提升企业的节能积极性。此外，政府还通过政府采购、示范项目等方式，引导建筑节能技术的推广应用，推动建筑节能市场的快速发展。

3.强化建筑节能监管体系

政府建立了完善的建筑节能监管体系，以加强对建筑节能工作的监督和管理。通过建立健全建筑节能审查制度、能效测评制度等，确保新建建筑和既有建筑节能改造项目达到节能标准。同时，政府还加强对建筑节能产品市场的监管，打击假冒伪劣产品，维护市场秩序。

（二）国内建筑节能的实践成果

在政府政策的推动下，我国建筑节能工作取得了显著成效，不仅提高了建筑的能效水平，还促进了建筑行业的绿色转型和可持续发展。

1.新建建筑节能水平显著提升

近年来，新建建筑在设计、施工和运营阶段都更加注重节能和环保。通过优化设计，充分利用自然光和自然通风，减少建筑能耗。同时，推广使用高效节能材料和设备，如高性能保温隔热材料、节能灯具、太阳能利用系统等，提高了建筑的能效水平。据统计，新建建筑在执行绿色建筑标准后，能耗普遍降低了20%~30%。

此外，政府还大力推广超低能耗建筑和近零能耗建筑。这些建筑通过采用先进的节能技术和系统，实现了建筑能耗的极大降低。例如，雄安新区政务服务中心通过采用三层玻璃窗、地源热泵等节能技术和系统，能耗仅为国家标准的20%。

2.既有建筑节能改造取得积极进展

针对既有建筑能耗高、能效低的问题，政府实施了大规模的既有建筑节能改造工程。通过对外墙、屋顶、门窗等围护结构进行保温隔热改造，更换高效节能的采暖、制冷和照明设备等措施，显著提高了既有建筑的能效水平。据统计，我国已完成超过6.6万个节能改造项目，改造面积超过10亿m^2，节能效果显著。

同时，政府还鼓励和支持居民参与既有建筑的节能改造。通过提供财政补贴、技术指导等支持措施，激发了居民的节能改造热情。例如，一些老旧小区通过加装外墙保温层、更换节能门窗等措施，显著提高了居民的居住舒适度和能源利用效率。

3.建筑运行管理更加智能化

随着智能化技术的快速发展，建筑运行管理也变得更加智能化。政府推动建立建筑数字化、智能化运行管理平台，实现建筑能耗的实时监测和智能控制。通过应用高效柔性智能调控技术，优化建筑用能系统的运行策略，提高建筑能效水平。

例如，北京大兴国际机场通过建立能源管理系统，集成了80000多个传感器，实现了对机场建筑能耗的实时监测和智能控制。通过优化空调、照明等用能系统的运行策略，机场年节电量达到1500万千瓦时。

4.可再生能源在建筑中的应用日益广泛

政府积极推动可再生能源在建筑中的应用，如太阳能、地热能、生物质能等。通过制定、完善建筑光伏一体化建设的相关标准和图集，试点推动工业厂房、公共建筑和居住建筑等新建建筑的光伏一体化发展。同时，政府还鼓励和支持既有建筑加装光伏系统，提高建筑的自给自足能力。

据统计，我国建筑太阳能光热应用面积已达到数十亿平方米，太阳能光伏装机容量也在不断增加。这些可再生能源的应用不仅降低了建筑的能耗和碳排放，还为建筑提供了清洁、可再生的能源供应。

5.建筑节能技术的研发和应用不断创新

在政府政策的推动下，建筑节能技术的研发和应用不断创新。例如，主被动一体化节能系统通过整合被动式设计与主动调控算法，实现了建筑能耗的显著降低。光伏建筑一体化技术通过将光伏组件与建筑构件相结合，实现了建筑发电和节能的双重效果。智能节能控制系统通过应用物联网、大数据等先进技术，实现了建筑能耗的实时监测和智能控制。

此外，政府还加大了对建筑节能技术研发的投入力度，支持高校、科研机构和企业开展联合攻关，推动建筑节能技术不断进步和完善。

6.建筑节能产业体系不断完善

随着建筑节能工作的深入推进，我国建筑节能产业体系不断完善。政府通过制定和完善建筑节能产业政策，引导和支持建筑节能产业的发展。同时，政府还加强与国际社会的合作与交流，引进国外先进的节能技术和产品，推动我国建筑节能产业的国际化进程。

目前，我国建筑节能产业已形成了从设计、施工、运营到维护的完整产业链。建筑节能产品的种类和品质不断提高，满足了市场需求。同时，建筑节能产业还带动了相关产业的发展，如绿色建材、智能控制等产业，促进了建筑行业的绿色转型和可持续发展。

三、国内外建筑节能技术的交流与合作

（一）国内建筑节能技术交流与合作现状

1.政府引导与支持

中国政府高度重视建筑节能技术的交流与合作，通过制定相关政策法规，引导和支持国内建筑节能技术的研发与应用。例如，政府鼓励企业、高校和科研机构开展联合攻关，共同解决建筑节能领域的关键技术难题。同时，政府还通过组织国际交流会议、展览等活动，为国内建筑节能技术的交流与合作搭建平台。

2.行业协会与科研机构的推动

行业协会和科研机构在推动建筑节能技术的交流与合作中发挥了重要作用。它们通过组织学术交流会议、研讨会等活动，促进了建筑节能技术的信息共享与经验交流。此外，行业协会还通过制定行业标准、规范等，推动了建筑

节能技术的标准化与规范化发展。

3. 企业与高校的合作

企业与高校的合作是建筑节能技术交流与合作的重要形式。企业通过提供资金、设备等资源，支持高校开展建筑节能技术的研发与应用。高校则通过提供技术支持、人才培养等，为企业的发展提供了有力保障。这种合作模式不仅促进了建筑节能技术的创新与升级，还加强了产学研用的紧密结合。

4. 区域间的交流与合作

在国内，不同区域间的建筑节能技术交流与合作也日益频繁。例如，东部沿海发达地区与中西部欠发达地区之间的建筑节能技术交流与合作，不仅促进了先进技术的推广与应用，还加强了区域间的资源互补与协同发展。

（二）国际建筑节能技术交流与合作进展

1. 国际组织的推动

国际组织在推动建筑节能技术的交流与合作中发挥了重要作用。例如，国际能源署（IEA）、国际标准化组织（ISO）等国际组织通过制定国际标准、组织国际交流会议等活动，促进了建筑节能技术的信息共享与经验交流。同时，国际组织还通过提供技术支持、资金援助等，推动了发展中国家建筑节能技术的研发与应用。

2. 跨国企业的合作

跨国企业在建筑节能技术的交流与合作中发挥了重要作用。它们通过技术引进、合作研发、市场拓展等方式，推动了建筑节能技术的全球化发展。例如，一些国际知名建筑企业通过与中国本土企业的合作，共同推动了中国建筑节能技术的研发与应用。这种合作模式不仅促进了技术的创新与升级，还加强了国际间的经验分享与资源互补。

3. 国际学术交流与合作

国际学术交流与合作是建筑节能技术交流与合作的重要形式。通过组织国际学术会议、研讨会等活动，促进了建筑节能技术的信息共享与经验交流。同时，国际学术交流与合作还加强了人才培养与科研合作，为建筑节能技术的可持续发展提供了有力支持。

(三)国内外建筑节能技术交流与合作的案例分析

1.中德技术合作“中国既有建筑节能改造项目”

中德技术合作“中国既有建筑节能改造项目”是国内外建筑节能技术交流与合作的典型案例。该项目由德国政府提供资金和技术支持,由中华人民共和国住房和城乡建设部组织实施,旨在通过引进德国的先进理念和技术,推动中国既有建筑节能改造工作。项目通过实施示范项目、技术推广、产业合作和知识管理等工作,取得了显著成效。例如,在唐山示范项目中,通过采用德国的先进节能技术和系统,显著提高了既有建筑的能效水平,为中国的建筑节能改造工作提供了宝贵经验。

2.深圳中日建筑节能降碳考察交流活动

深圳中日建筑节能降碳考察交流活动是国内外建筑节能技术交流与合作的又一典型案例。该活动由中国和日本多家知名节能机构共同组织,旨在通过分享先进技术与管理经验,促进中日两国节能领域企业的交流合作。活动中,与会来宾探讨了中国大型公共建筑能效提升方向与前景,相互借鉴了先进技术与管理经验。同时,活动还展示了中国及日本在建筑节能领域的最新成果和技术创新,为推动全球建筑节能事业的发展提供了有力支持。

(四)国内外建筑节能技术交流与合作的未来趋势

1.加强国际合作与协调

各国政府、国际组织、行业协会、科研机构以及企业等各方将进一步加强合作与协调,共同推动建筑节能技术的全球化发展。通过加强信息共享、经验交流和资源互补,促进全球建筑节能技术的创新与升级。

2.推动技术创新与升级

技术创新与升级将是国内外建筑节能技术交流与合作的重点方向。通过加强产学研用的紧密结合,推动建筑节能技术的研发与应用。同时,通过引进国外先进技术和管理经验,促进国内建筑节能技术的升级与发展。

3.拓展合作领域与方式

未来,国内外建筑节能技术交流与合作的领域与方式将更加多样化。除了传统的技术引进、合作研发、市场拓展等方式外,还将拓展到人才培养、科研合作、标准制定等多个方面。通过加强全方位的合作与交流,推动建筑节能技术的全面发展。

四、建筑节能发展趋势与未来展望

（一）政策驱动下的建筑节能标准与规范日益严格

近年来，各国政府纷纷出台了一系列政策法规，以推动建筑节能的发展。这些政策不仅明确了节能目标，还提出了具体的节能标准和规范。例如，中国政府明确提出到2025年，城镇新建建筑要全面执行绿色建筑标准，超低能耗建筑规模将显著增长。这些政策标准的出台，为建筑节能技术的发展提供了明确的导向和有力的支持。

在政策驱动下，建筑节能的设计、施工、运营等各个环节都将面临更加严格的要求。新建建筑将更加注重保温隔热性能的提升，采用更加高效的能源系统和可再生能源。既有建筑也将通过节能改造，提升能效水平，减少能源浪费。同时，建筑节能的监管和评估机制也将不断完善，以确保各项节能措施得到有效落实。

（二）技术创新引领建筑节能发展潮流

随着科技的进步，建筑节能领域不断涌现出各种新技术、新材料和新方法。这些技术创新不仅提升了建筑节能效果，还降低了节能改造的成本，提高了居住与工作环境的舒适度。

例如，在建筑材料方面，高性能保温材料、低辐射玻璃、智能窗等新型建材的应用，显著提升了建筑的保温隔热性能。在能源系统方面，地源热泵、空气源热泵、光伏建筑一体化等可再生能源技术的集成应用，实现了建筑能源的自给自足和高效利用。在智能化方面，建筑信息模型（BIM）、人工智能、物联网等技术的应用，使建筑节能管理更加精准高效。

未来，随着科技的不断发展，建筑节能领域的技术创新将更加活跃。更多高效、环保、智能的节能技术和产品将不断涌现，为建筑节能的发展注入新的活力。

（三）绿色建筑成为建筑行业的重要发展方向

绿色建筑作为建筑节能的重要体现，正日益受到各国政府和业界的青睐。绿色建筑不仅注重建筑本身的节能降耗，还强调建筑材料的环保性和可再生性，以及建筑全生命周期的环境影响。

随着绿色建筑理念深入人心，越来越多的建筑项目开始采用绿色建筑标准进行设计、施工和运营。这些项目通过采用高效节能技术、可再生能源、雨水回收系统、绿化景观等措施，实现了建筑与自然环境的和谐共生。

未来，随着绿色建筑标准的不断完善和推广，绿色建筑将成为建筑行业的重要发展方向。更多符合绿色建筑标准的建筑项目将不断涌现，为城市的可持续发展和居民的健康生活贡献力量。

（四）装配式建筑的兴起推动建筑节能发展

装配式建筑作为一种新型的建筑方式，具有施工速度快、质量可控、节能环保等优点。它通过工厂化生产、现场组装的方式，实现了建筑的高效、精准建造。

在装配式建筑中，建筑节能技术的应用更加广泛和深入。例如，预制构件的生产过程中可以采用更加高效的能源系统和环保材料，以减少能源消耗和碳排放。现场组装过程中也可以采用更加精准的安装技术和密封措施，以提高建筑的保温隔热性能。

未来，随着装配式建筑技术的不断发展和完善，其在建筑节能领域的应用将更加广泛。更多符合绿色建筑标准的装配式建筑项目将不断涌现，为建筑节能的发展提供新的思路和方案。

（五）智能化管理提升建筑节能效率

智能化管理作为建筑节能的重要手段，正日益受到各界的重视。通过引入智能化管理系统，可以实现对建筑能耗的实时监测、分析和优化，提高建筑的能效水平。

例如，智能温控系统可以根据室内外温度、湿度等环境因素自动调节室内温度，实现节能降耗。智能照明系统则可以根据室内外光线强度自动调节照明亮度，减少能源浪费。此外，智能化管理系统还可以实现对建筑设备的远程监控和维护，提高设备的运行效率并延长其寿命。

未来，随着智能化技术的不断发展和普及，建筑节能的智能化管理水平将不断提升。更多高效、智能的节能管理系统将不断涌现，为建筑节能的发展提供更加有力的支持。

第四节　建筑节能系统与建筑节能全过程管理

一、建筑节能系统的构成与功能

(一)建筑节能系统的构成

1.能源供应系统

能源供应系统是建筑节能的基础,它负责为建筑提供所需的各种能源,如电力、燃气、热水等。在节能系统中,能源供应系统通常采用高效、清洁的能源,如太阳能、风能、地热能等可再生能源。此外,能源供应系统还需要配备智能的能源管理设备,如智能电表、智能燃气表等,以便对建筑能源的使用情况进行实时监测和管理。

2.围护结构系统

围护结构系统是建筑节能的重要组成部分,包括建筑的墙体、屋面、窗户等。这些围护结构不仅需要具备良好的保温隔热性能,以减少建筑内外的热量交换,还需要具备良好的气密性和水密性,以防止外界空气和水分渗入。在节能系统中,围护结构系统通常采用高性能的保温隔热材料、低辐射玻璃、智能窗户等先进技术和产品。

3.暖通空调系统

暖通空调系统是建筑节能的关键环节,负责为建筑提供舒适的室内环境。在建筑节能系统中,暖通空调系统通常采用高效、节能的制冷、制热设备,如变频空调、地源热泵等。此外,暖通空调系统还需要配备智能的控制系统,如对温度、湿度、风速等参数自动调节的系统,以及根据室内外环境变化自动调节设备运行状态的节能控制系统。

4.照明系统

照明系统是建筑节能的重要组成部分,负责为建筑提供必要的照明。在节能系统中,照明系统通常采用高效、节能的照明灯具,如LED灯、节能荧光灯等。此外,照明系统还需要配备智能的控制系统,如光感应控制、人体感应控制等,以便根据室内外光线强度和人员活动情况自动调节照明亮度和范围。

5.能源管理系统

能源管理系统是建筑节能系统的核心部分，它负责对建筑内的各项能源使用情况进行实时监测、分析和管理。能源管理系统通常采用先进的传感器、数据采集器、通信设备等，将建筑内的各项能源使用数据实时采集并传输到中央控制室。然后，通过专业的数据分析软件，对采集到的数据进行分析和处理，以便及时发现能源浪费现象并采取相应的节能措施。

(二)建筑节能系统的功能

1.能源供应优化功能

能源供应优化功能是建筑节能系统的基础功能之一。它通过对建筑内的各项能源使用情况进行实时监测和分析，根据实际需求合理调整能源供应量和供应方式。例如，在阳光充足的白天，系统可以自动切换到太阳能供电模式；在夜间或阴天，系统则自动切换到电网供电模式。此外，系统还可以通过智能电表、智能燃气表等设备对建筑的能源使用情况进行实时监测和管理，以便及时发现能源浪费现象并采取相应的节能措施。

2.围护结构保温隔热功能

围护结构保温隔热功能是建筑节能系统的重要组成部分。它通过采用高性能的保温隔热材料、低辐射玻璃、智能窗户等先进技术和产品，有效减少建筑内外的热量交换，提高建筑的保温隔热性能。例如，在寒冷的冬季，系统可以自动关闭窗户并启动保温隔热设备，以减少室内热量的散失；在炎热的夏季，系统则可以自动开启窗户并利用遮阳设施来降低室内温度。

3.暖通空调节能控制功能

暖通空调节能控制功能是建筑节能系统的关键环节之一。它通过对建筑内的温度、湿度、风速等参数进行实时监测和自动调节，确保室内环境的舒适度并减少能源浪费。例如，在夏季高温天气下，系统可以自动降低空调温度并启动除湿设备来降低室内湿度；在冬季寒冷天气下，系统则可以自动提高空调温度并启动加湿设备来增加室内湿度。此外，系统还可以通过智能控制系统根据室内外环境变化自动调节设备运行状态，以实现节能降耗的目的。

4.照明智能控制功能

照明智能控制功能是建筑节能系统的重要组成部分。它通过对建筑内的光线强度和人员活动情况进行实时监测和自动调节，确保室内照明的舒适度和节能效果。例如，在白天光线充足的情况下，系统可以自动关闭部分照明设备或降低照明亮度；在夜间或光线不足的情况下，系统可以自动开启照明设备或提高照明亮度。此外，系统还可以通过光感应控制、人体感应控制等智能控制方式进一步降低照明能耗。

5.能源数据分析与管理功能

能源数据分析与管理功能是建筑节能系统的核心功能之一。它通过对建筑内的各项能源使用数据进行实时监测、分析和处理，及时发现能源浪费现象并采取相应的节能措施。例如，系统可以通过对建筑的电力、燃气、热水等能源使用数据进行实时监测和分析，发现某些区域的能源使用异常或浪费现象，并采取相应的节能改造措施。此外，系统还可以通过数据分析软件对建筑内的各项能源使用情况进行预测和评估，为建筑的能源管理和节能改造提供科学依据。

6.系统集成与协同控制功能

系统集成与协同控制功能是建筑节能系统的高级功能之一。它通过对建筑内的各个子系统进行集成和协同控制，实现建筑整体的节能效果。例如，在夏季高温天气下，系统可以自动关闭窗户并启动空调设备来降低室内温度。同时，系统还可以自动调整照明亮度和范围以适应室内外光线强度的变化。这种集成与协同控制的方式不仅可以提高建筑的节能效果，还可以提高建筑的舒适度和便利性。

二、建筑节能全过程管理的理念与实施步骤

（一）建筑节能全过程管理的理念

建筑节能全过程管理是一种综合性的管理理念，它强调在建筑的全生命周期内，通过科学规划、合理设计、精心施工、高效运营和环保拆除等环节的紧密配合，实现建筑能耗的最小化。这一理念的核心在于将节能视为建筑设计和运营过程中的一项基本要求，而非额外的附加条件。它要求建筑师、工程师、施工人员、运营商等各方参与者共同协作，将节能理念贯穿于建筑的全过程，形成一套完整的节能管理体系。

1.全生命周期视角

从建筑的规划、设计、施工、运营到拆除的各个阶段，全面考虑并采取节能

措施，确保建筑在全生命周期内的能耗最小化。

2. 系统性思维

将建筑视为一个复杂的系统，通过科学规划、合理设计、精心施工、高效运营和环保拆除等各个环节的紧密配合，实现建筑能耗的整体优化。

3. 多方协作

要求建筑师、工程师、施工人员、运营商等各方参与者共同协作，将节能理念贯穿于建筑的全过程，形成一套完整的节能管理体系。

4. 持续改进

通过实时监测、数据分析和反馈机制，不断优化建筑节能措施，实现建筑能耗的持续降低。

（二）建筑节能全过程管理的实施步骤

1. 规划与设计阶段

（1）节能理念融入

在建筑设计之初，就将节能理念融入其中，确保建筑在功能、美观和节能之间取得平衡。

（2）节能目标设定

根据建筑的用途、地理位置、气候条件等因素，设定合理的节能目标，为后续设计和施工提供指导。

（3）节能技术选型

选择适合建筑的节能技术和产品，如高效保温隔热材料、低辐射玻璃、太阳能光伏板等。

（4）节能方案优化

通过模拟仿真等手段，对节能方案进行优化，确保其在实现节能目标的同时，满足建筑的功能和美观要求。

2. 施工阶段

（1）施工质量控制

确保施工过程中的质量控制，避免因施工质量问题导致的能耗增加。例如，保温隔热材料的施工质量直接影响建筑的保温隔热效果。

（2）节能材料与设备选用

优先选用环保、节能的建筑材料和设备，减少建筑施工对环境的污染和能耗。

（3）施工工艺优化

采用先进的施工工艺和技术，减少施工过程中的能耗和碳排放。例如，采用预制装配式建筑技术，减少现场湿作业和建筑垃圾的产生。

（4）施工监督与管理

建立健全施工监督和管理机制，确保节能措施在施工过程中得到有效执行。

3.运营阶段

（1）能耗监测与分析

建立能耗监测系统，实时监测建筑的能耗情况，通过数据分析发现能耗异常和节能潜力。

（2）节能措施实施

根据能耗监测和分析结果，采取相应的节能措施，如调整设备运行参数、优化照明系统、加强建筑维护等。

（3）节能意识培养

加强对建筑使用者的节能意识培养，鼓励其采取节能行为，如合理使用空调、照明等设备。

（4）节能服务与管理

提供节能服务和管理支持，如节能咨询、节能改造方案设计、节能设备维护等。

4.拆除与回收利用阶段

（1）拆除方案优化

制订科学的拆除方案，减少拆除过程中的能耗碳排放。例如，采用机械化拆除方式，减少人工拆除带来的能耗和污染。

（2）废弃物分类与处理

对拆除过程中产生的废弃物进行分类处理，实现资源的回收利用和废弃物的无害化处理。

（3）环保拆除技术应用

采用环保拆除技术，减少对环境和生态的影响。例如，采用低噪声、低振动的拆除设备，以减少对周围居民的影响。

三、建筑节能系统在项目管理中的应用实践

(一)项目规划与设计阶段的应用

1. 节能目标的设定

在项目规划之初,就需要明确节能目标。这包括确定建筑的能耗指标、碳排放量等具体参数。建筑节能系统可以帮助项目团队更准确地评估建筑的能耗状况,从而设定更加科学合理的节能目标。

2. 节能技术的选择

根据节能目标,项目团队需要选择适合的节能技术。建筑节能系统提供了丰富的节能技术和产品选择,如高效保温隔热材料、低辐射玻璃、太阳能光伏板、地源热泵等。这些技术的应用可以有效降低建筑的能耗,提高能源利用效率。

3. 节能方案的优化

在确定了节能技术后,项目团队还需要对节能方案进行优化。建筑节能系统可以通过模拟仿真等手段,对节能方案的效果进行预测和评估,从而找出最优的节能方案。这不仅可以确保节能目标的实现,还可以降低项目的投资成本。

4. 节能设计的融入

在项目设计阶段,建筑节能系统需要将节能理念融入建筑设计中。这包括优化建筑的布局、朝向、窗墙比等设计参数,以提高建筑的采光、通风和保温隔热性能。同时,还需要考虑建筑设备的选型和配置,确保设备的高效运行和能源的高效利用。

(二)项目施工阶段的应用

1. 节能材料的选择与采购

根据项目设计要求,项目团队需要选择合适的节能材料。建筑节能系统提供了丰富的节能材料选择,如高效保温隔热材料、低辐射玻璃、节能灯具等。这些材料的应用可以有效降低建筑的能耗,提高建筑的舒适性和使用寿命。在采购过程中,项目团队还需要对供应商进行评估和选择,确保材料的质量和供应的及时性。

2. 节能技术的实施与监督

在施工过程中,项目团队需要按照节能方案的要求,实施相应的节能技

术。这包括安装太阳能光伏板、地源热泵等节能设备,以及进行建筑的保温隔热处理等。为了确保节能技术的有效实施,项目团队还需要对施工过程进行监督和管理,及时发现和解决问题。

3. 节能效果的评估与反馈

在施工过程中,项目团队还需要对节能效果进行评估并收集反馈。这包括监测建筑的能耗情况,对比节能方案的效果,以及收集和分析用户的反馈意见。通过这些评估和反馈,项目团队可以及时调整和优化节能方案,确保节能目标的实现。

(三)项目运营阶段的应用

1. 能耗监测与分析

在项目运营过程中,项目团队可以通过安装能耗监测设备,实时监测建筑的能耗情况。通过对能耗数据的分析,项目团队可以了解建筑的能耗特点和规律,发现能耗异常和节能潜力,为后续的节能改进提供依据。

2. 节能措施的实施与优化

根据能耗监测和分析结果,项目团队可以制定相应的节能措施,如调整设备运行参数、优化照明系统、加强建筑维护等。这些措施的实施可以有效降低建筑的能耗,提高能源利用效率。同时,项目团队还需要对节能措施的效果进行评估和反馈,不断优化节能方案。

3. 节能意识的培养与推广

在项目运营过程中,建筑节能系统还需要关注用户节能意识的培养与提升。通过宣传教育、培训指导等方式,提高用户对节能的认识和重视程度,鼓励其在日常生活中采取节能行为。这不仅可以降低建筑的能耗,还可以提高用户的舒适度和满意度。

(四)项目维护阶段的应用

1. 设备维护与保养

建筑节能系统涉及的设备需要定期进行维护和保养,以确保其正常运行和高效工作。这包括检查设备的运行状况、清洁设备表面、更换损坏的部件等。通过定期的维护和保养,可以延长设备的使用寿命,降低能耗和运行成本。

2. 节能效果的持续监测与评估

在项目维护阶段，建筑节能系统还需要持续监测和评估节能效果。这包括定期采集能耗数据、分析能耗变化趋势、评估节能措施的效果等。通过这些监测和评估，项目团队可以及时发现和解决问题，确保节能目标的实现。

3. 节能技术的更新与升级

随着科技的不断发展，建筑节能技术也在不断更新和升级。在项目维护阶段，项目团队需要关注节能技术的最新动态和发展趋势，及时更新和升级节能技术和产品。这不仅可以提高建筑的节能效果，还可以降低能耗和运行成本。

四、建筑节能全过程管理的优化策略与建议

（一）设计阶段的优化策略与建议

1. 加强节能设计标准的制定与执行

政府和相关机构应加强建筑节能设计标准的制定和更新工作，确保标准的科学性和前瞻性。同时，应加大对设计标准的执行力度，通过审查、验收等环节，确保建筑节能设计得到有效落实。

2. 推广先进的节能设计理念和技术

鼓励设计师采用先进的节能设计理念和技术，如被动式超低能耗建筑、绿色建筑等。通过培训、交流等方式，提升设计师的节能设计水平，推动节能技术的创新与应用。

3. 加强节能设计与建筑功能的融合

在节能设计中，应充分考虑建筑的功能需求和使用者的行为习惯，确保节能设计与建筑功能的有机融合。避免为了节能而牺牲建筑的功能性和舒适性，实现节能与舒适的双赢。

（二）施工阶段的优化策略与建议

1. 加强施工质量控制

施工单位应加强对建筑节能材料和设备的采购、验收和使用管理，确保材料和设备的质量和性能符合设计要求。同时，应加强对施工过程的监督和管理，确保施工质量和进度符合预期。

2. 推广节能施工技术

鼓励施工单位采用先进的节能施工技术，如预制装配式建筑、绿色施工等。这些技术不仅可以提高施工效率和质量，还可以降低施工过程中的能耗和碳排放。

3. 加强施工人员的节能培训

施工单位应加强对施工人员的节能培训，提高其节能意识和技能水平。通过培训，施工人员可了解节能设计的重要性和实施要求，确保节能设计的有效落实。

（三）运营阶段的优化策略与建议

1. 建立能耗监测与管理系统

建筑运营单位应建立能耗监测与管理系统，实时监测建筑的能耗情况，并通过数据分析发现能耗异常和节能潜力。通过系统的管理，确保建筑能耗持续优化和降低。

2. 推广节能运营管理模式

鼓励建筑运营单位采用先进的节能运营管理模式，如合同能源管理、能效服务等。这些模式不仅可以提高建筑的能源利用效率，还可以降低建筑运营的成本和风险。

3. 加强使用者的节能教育

建筑运营单位应加强对使用者的节能教育，提高其节能意识和参与度。通过宣传教育、培训指导等方式，使使用者了解节能的重要性和实施方法，鼓励其在日常生活中采取节能行为。

（四）拆除与回收阶段的优化策略与建议

1. 推广绿色拆除技术

鼓励采用绿色拆除技术，减少拆除过程中的能耗和碳排放。同时，应加强对拆除过程中的废弃物分类和处理的管理，确保废弃物的无害化处理和资源化利用。

2. 建立建筑材料回收体系

政府和相关机构应加强对建筑材料回收体系的建设和管理，推动建筑材料的循环利用。通过政策引导、市场激励等方式，鼓励企业和个人积极参与建筑材料回收和再利用。

3.加强拆除与回收阶段的监管

政府和相关机构应加强对拆除与回收阶段的监管力度，确保拆除过程的规范性和回收材料的质量。通过严格的监管措施，防止拆除过程中的环境污染和资源浪费。

(五)跨阶段协同与整合的优化策略与建议

1.加强各阶段之间的沟通与协作

政府和相关机构应加强对建筑节能全过程管理各阶段的沟通与协作，确保各阶段之间的信息畅通和协同工作。通过定期召开协调会议、建立信息共享平台等方式，加强各阶段之间的沟通与协作。

2.推广全生命周期评估方法

鼓励采用全生命周期评估方法，对建筑从设计、施工、运营到拆除等各个环节的能耗和环境影响进行全面评估。评估结果为建筑节能全过程管理提供科学依据和决策支持。

3.加强政策引导与激励

政府和相关机构应加强对建筑节能全过程管理的政策引导与激励，通过制定相关政策、提供财政补贴、税收优惠等措施，鼓励企业和个人积极参与建筑节能全过程管理。

第五节 建筑节能技术的地域性

一、不同地域气候条件下的建筑节能需求

(一)严寒地区的气候特点与建筑节能需求

严寒地区，如中国的东北北部、内蒙古、新疆北部以及西藏北部和青海北部等地，其气候特点是冬季漫长而寒冷，夏季短暂而凉爽。

1.保温隔热性能

严寒地区建筑的保温隔热性能是节能的关键。建筑外墙、屋顶和地面需

要采用高效的保温隔热材料，以减少冬季室内热量的散失。同时，建筑的门窗也需具备良好的密封性和保温性能，防止冷风渗透。

2. 供热系统效率

在严寒地区，供热系统是建筑能耗的主要组成部分。因此，提高供热系统的效率是节能的重要措施。这包括采用高效的供热设备、优化供热管网设计以及实施智能供热控制等。

3. 被动式太阳能利用

严寒地区冬季阳光充足，应充分利用被动式太阳能进行室内采暖。通过合理的建筑朝向、窗墙比设计以及设置太阳能集热器等措施，可以有效地提高太阳能的利用效率。

4. 防止冷风渗透

严寒地区的风速较大，冷风渗透是建筑能耗的重要来源。因此，在建筑设计中应充分考虑防止冷风渗透的措施，如设置挡风墙、优化门窗设计等。

（二）寒冷地区的气候特点与建筑节能需求

寒冷地区，如中国的华北、新疆、西藏南部以及东北南部等地，其气候特点是冬季较冷，夏季较热，但相对于严寒地区来说，冬季和夏季的持续时间较为均衡。

1. 保温隔热与通风兼顾

寒冷地区的建筑既需要考虑冬季的保温隔热性能，也需要考虑夏季的通风降温。因此，在建筑设计中应综合考虑保温隔热材料和通风设施的设置。

2. 供热与制冷系统效率

寒冷地区的建筑既需要供热系统，也需要制冷系统。提高供热和制冷系统的效率是节能的重要措施。这包括采用高效的供热和制冷设备、优化管网设计以及实施智能控制等。

3. 被动式太阳能与遮阳设施结合

寒冷地区冬季可以利用被动式太阳能进行室内采暖，而夏季则需要设置遮阳设施来减少太阳辐射对室内的影响。通过合理的建筑朝向、窗墙比设计以及设置可调节的遮阳板等措施，可以实现被动式太阳能与遮阳设施的结合。

4.自然通风与机械通风结合

寒冷地区的建筑在夏季应充分利用自然通风来降温，而在冬季则需要通过机械通风来保持室内空气新鲜。因此，在建筑设计中应综合考虑自然通风和机械通风的设置。

（三）夏热冬冷地区的气候特点与建筑节能需求

夏热冬冷地区，如中国的长江中下游地区以及岭南以北、秦岭—淮河以南等地，其气候特点是夏季炎热潮湿，冬季寒冷干燥。

1.隔热性能

夏热冬冷地区的建筑的外墙、屋顶和地面需要采用高效的隔热材料，以减少夏季太阳辐射对室内的影响。同时，建筑的门窗也需具备良好的隔热性能，以减少热量传递。

2.通风降温

夏季炎热潮湿，通风降温是夏热冬冷地区建筑节能的重要措施。通过合理的建筑布局、设置通风口和窗户位置等措施，可以实现自然通风和机械通风的结合，有效降低室内温度。

3.保温隔热兼顾

夏热冬冷地区的建筑既需要考虑夏季的隔热性能，也需要考虑冬季的保温性能。因此，在建筑设计中应综合考虑保温隔热材料和通风设施的设置。

4.遮阳设施

夏热冬冷地区夏季太阳辐射强烈，需要设置遮阳设施来减少太阳辐射对室内的影响。通过合理的建筑朝向、窗墙比设计以及设置可调节的遮阳板等措施，可以实现遮阳设施的有效利用。

（四）夏热冬暖地区的气候特点与建筑节能需求

夏热冬暖地区，如中国的岭南地区及南方沿海地区，其气候特点是夏季炎热潮湿，冬季温暖少雨。

1.隔热性能

夏热冬暖地区建筑的外墙、屋顶和地面需要采用高效的隔热材料，以减少夏季太阳辐射对室内的影响。同时，建筑的门窗也需具备良好的隔热性能，防止热量传递。

2. 通风降温

夏季炎热潮湿，通风降温是夏热冬暖地区建筑节能的重要措施。通过合理的建筑布局、设置通风口和窗户位置等措施，可以实现自然通风和机械通风的结合，有效降低室内温度。

3. 自然采光

夏热冬暖地区夏季阳光充足，应充分利用自然采光来减少照明能耗。通过合理的建筑朝向、窗墙比设计以及设置反光板等措施，可以实现自然采光的有效利用。

4. 遮阳与反光设施

夏热冬暖地区夏季太阳辐射强烈，需要设置遮阳设施来减少太阳辐射对室内的影响。同时，还可以利用反光设施来反射太阳辐射，从而降低室内温度。

（五）温和地区的气候特点与建筑节能需求

温和地区，如中国的云南、贵州西部及四川南部等地，其气候特点是四季温和，温差较小。

1. 自然通风与采光

温和地区四季温和，应充分利用自然通风和采光来减少能耗。通过合理的建筑布局、设置通风口和窗户位置以及优化窗墙比等措施，可以实现自然通风和采光的有效利用。

2. 保温隔热性能

虽然温和地区温差较小，但建筑仍需要具备一定的保温隔热性能，以防止冬季室内热量的散失和夏季室外热量的传入。

3. 可再生能源利用

温和地区具备丰富的可再生能源资源，如太阳能、风能等。应充分利用这些可再生能源进行建筑供暖和热水供应等。

4. 绿色建材与生态设计

温和地区应注重绿色建材的使用和生态设计的应用，以减少建筑对环境的影响。通过选择环保材料、实施雨水收集和中水回用等措施，可以实现建筑的可持续发展。

二、地域性建筑节能技术的研发与应用

(一)地域性建筑节能技术的研发背景

随着全球气候变化问题日益严峻,减少碳排放、提高能源利用效率已成为国际社会的共识。建筑领域作为能源消耗和碳排放的重要领域之一,其节能减排潜力巨大。中国作为世界上最大的建筑市场之一,建筑节能技术的研发与应用显得尤为重要。然而,由于中国地域辽阔,气候多样,不同地区的建筑节能需求存在显著差异,这也为地域性建筑节能技术的研发带来了挑战。

1.气候多样性

中国地域辽阔,气候多样,从北到南,从东到西,各地的气候条件差异显著。这种多样性要求建筑节能技术必须充分考虑地域气候特点,以实现高效、可持续的能源利用。

2.能源需求增长

随着人口的增长和城市化进程的加快,建筑能源消耗逐年增加。为了满足日益增长的能源需求,必须提高能源利用效率,减少能源消耗。

3.政策支持

中国政府高度重视建筑节能工作,出台了一系列政策措施,鼓励建筑节能技术的研发与应用。这些政策为地域性建筑节能技术的研发提供了有力保障。

(二)地域性建筑节能技术的研发方向

1.高效保温隔热材料

针对不同地区的气候特点,研发具有高效保温隔热性能的材料,以降低建筑能耗。例如,在严寒地区,可以研发具有更高保温隔热性能的墙体材料、屋顶材料和门窗材料等。

2.智能供热与制冷系统

利用现代智能控制技术,优化供热与制冷系统的运行效率,减少能源消耗。例如,通过智能温控系统、智能热计量表等设备,实现供热与制冷系统的精准控制。

3.可再生能源利用技术

结合不同地区的可再生能源资源情况,研发利用太阳能、风能、地热能等

可再生能源的建筑节能技术。例如，在阳光充足的地区，可以研发太阳能光伏板和太阳能热水器等太阳能利用技术；在地热资源丰富的地区，可以研发地源热泵等地热能利用技术。

4. 被动式节能设计

通过合理的建筑朝向、窗墙比设计，以及遮阳设施的设置等措施，充分利用自然条件进行节能设计。例如，在夏季炎热的地区，可以通过合理设置遮阳设施、优化建筑朝向等措施，减少太阳辐射对室内的影响；在冬季寒冷的地区，可以通过合理使用保温隔热材料、优化建筑朝向等措施，提高建筑的保温隔热性能。

5. 绿色建材与生态设计

研发使用环保、可再生、可回收等绿色建材，以及实施生态设计，减少建筑对环境的影响。例如，使用竹材、木材等可再生建材，以及实施雨水收集、中水回用等生态设计措施。

（三）地域性建筑节能技术的应用实践

1. 严寒地区

在严寒地区，如东北三省等地，广泛采用高效保温隔热材料、智能供热系统以及被动式节能设计等技术措施。例如，在墙体保温方面，采用了挤塑板、聚氨酯泡沫等高效保温隔热材料；在供热系统方面，采用了智能温控系统、智能热计量表等设备；在建筑朝向和窗墙比设计方面，充分考虑了冬季阳光照射和冷风渗透等因素。

2. 寒冷地区

在寒冷地区，如华北、西北等地，既需要保温隔热性能良好的建筑材料，也需要高效、智能的供热与制冷系统。例如，在墙体保温方面，采用了岩棉板、玻璃棉板等保温隔热材料；在供热系统方面，采用了地源热泵、空气源热泵等高效节能技术；在建筑朝向和窗墙比设计方面，充分考虑了冬季阳光照射和夏季通风降温等因素。

3. 夏热冬冷地区

在夏热冬冷地区，如长江中下游地区等，重点关注建筑的隔热性能和通风降温措施。例如，在墙体隔热方面，采用了轻质复合外墙板、聚合物保温砂浆等隔热材料;在通风降温方面,采用了自然通风、机械通风以及蒸发冷却等技术措施;在建筑朝向和窗墙比设计方面,充分考虑了夏季太阳辐射和冬季阳光照射等因素。

4. 夏热冬暖地区

在夏热冬暖地区,如广东、海南等地,重点关注建筑的隔热性能和自然采光措施。例如,在墙体隔热方面,采用了轻质复合外墙板、反射隔热涂料等隔热材料;在自然采光方面,通过优化建筑布局、设置反光板等措施,实现了自然采光的有效利用;在建筑朝向和窗墙比设计方面,充分考虑了夏季太阳辐射和通风降温等因素。

5. 温和地区

在温和地区,如云南、贵州等地,注重自然通风、采光以及可再生能源利用技术的应用。例如,在建筑布局方面,采用了行列式、错列式等布局方式,实现了自然通风和采光的有效利用;在可再生能源利用方面,采用了太阳能光伏板、太阳能热水器等太阳能利用技术;在建筑朝向和窗墙比设计方面,充分考虑了自然通风、采光以及可再生能源利用等因素。

三、地域性建筑节能政策的制定与实施

(一)地域性建筑节能政策的制定原则

1. 因地制宜原则

地域性建筑节能政策的制定必须充分考虑当地的气候、经济、社会条件等因素,因地制宜地制定符合当地实际情况的建筑节能政策。例如,在严寒地区,应重点加强建筑的保温隔热性能;在夏热冬冷地区,应重点加强建筑的隔热性能和通风降温措施。

2. 统筹协调原则

建筑节能政策的制定与实施涉及多个部门和领域,需要政府、企业、社会等多方面的共同努力。因此,在制定建筑节能政策时,必须充分考虑各方面的利益和诉求,加强统筹协调,形成合力,共同推动建筑节能工作的开展。

3. 激励与约束并重原则

建筑节能政策的制定与实施需要遵循激励与约束并重的原则。一方面,通过制定优惠政策、提供财政补贴等措施,激励企业和社会各界积极参与建筑

节能工作;另一方面,通过制定强制性标准、加强监管等措施,约束企业和个人的行为,确保建筑节能政策的落实。

(二)地域性建筑节能政策的主要内容

1. 建筑节能标准与规范

制定符合当地气候、经济、社会条件的建筑节能标准与规范,是地域性建筑节能政策的重要内容之一。这些标准与规范应包括建筑能耗限额、建筑保温隔热性能、建筑采光通风性能等方面的要求,为建筑节能工作提供科学依据。

2. 建筑节能技术推广政策

推广先进适用的建筑节能技术,是地域性建筑节能政策的重要内容之一。政府可以通过制定优惠政策、提供财政补贴等措施,鼓励企业研发和推广建筑节能技术。同时,政府还可以加强建筑节能技术的宣传和培训,提高社会各界对建筑节能技术的认识和接受度。

3. 建筑节能监管政策

加强建筑节能监管是地域性建筑节能政策的重要内容之一。政府可以通过制定建筑节能监管制度、加强建筑节能监测和评价等措施,确保建筑节能政策的落实。同时,政府还可以加强建筑节能执法力度,对违反建筑节能政策的行为进行处罚和纠正。

4. 建筑节能激励政策

制定建筑节能激励政策是地域性建筑节能政策的重要内容之一。政府可以通过制定优惠政策、提供财政补贴等措施,激励企业和社会各界积极参与建筑节能工作。例如,政府可以对采用节能建材、实施节能改造的企业给予税收减免、资金补助等优惠政策,对购买节能建筑的个人给予购房补贴、贷款优惠等激励措施。

(三)地域性建筑节能政策的实施路径

1. 加强政策宣传与培训

政府应加强对建筑节能政策的宣传和培训,提高社会各界对建筑节能政策的认识和接受度。政府可以通过媒体宣传、举办培训班等方式,向企业和个人普及建筑节能知识和政策要求,引导其积极参与建筑节能工作。

2.推动政策落实与监管

政府应加强对建筑节能政策的落实与监管,确保建筑节能政策的顺利实施。政府可以通过制定建筑节能监管制度、加强建筑节能检测和评价等措施,对建筑节能工作进行全过程监管。同时,政府还可以加强对建筑节能的执法力度,对违反建筑节能政策的行为进行处罚和纠正。

3.鼓励企业参与和创新

政府应鼓励企业积极参与建筑节能工作,推动建筑节能技术的创新和发展。政府可以通过制定优惠政策、提供财政补贴等措施,激励企业研发和推广建筑节能技术。同时,政府还可以加强与企业的合作与交流,共同推动建筑节能工作的开展。

4.加强社会监督与参与

政府应加强对建筑节能工作的社会监督与参与,引导社会各界积极参与建筑节能工作。政府可以通过建立建筑节能信息公开制度、加强建筑节能宣传教育等措施,提高社会各界对建筑节能工作的关注度和参与度。同时,政府还可以鼓励社会各界对建筑节能工作进行监督和建议,促进建筑节能工作的不断改进和完善。

四、地域性建筑节能技术的推广与示范

(一)政策引导

政策引导是地域性建筑节能技术推广与示范的前提和基础。政府通过制定一系列建筑节能政策,为技术推广提供了有力的支持。这些政策不仅明确了建筑节能的目标和要求,还规定了相应的激励措施和监管机制,为技术推广创造了良好的政策环境。

在政策层面,政府应加大对建筑节能技术的研发投入,支持科研机构和企业开展技术创新和研发活动。同时,政府还应通过财政补贴、税收优惠等激励措施,鼓励企业采用先进的建筑节能技术和材料。此外,政府还应加强对建筑节能技术的监管,确保技术的有效性和安全性,防止低质、低效的技术进入市场。

(二)技术创新

技术创新是地域性建筑节能技术推广与示范的核心动力。随着科技的进

步和人们对建筑节能需求的提高,建筑节能技术也在不断创新和发展。这些新技术不仅提高了建筑的能源利用效率,还降低了建筑的能耗和碳排放。

在技术创新方面,科研机构和企业应加大对建筑节能技术的研发投入,积极探索新的节能技术和材料。例如,在墙体保温方面,可以采用新型保温材料,如聚苯乙烯泡沫板、岩棉板等,这些材料具有良好的保温隔热性能,可以有效降低建筑的能耗。在门窗节能方面,可以采用双层或三层玻璃、中空玻璃等高效节能玻璃,以及密封性能良好的门窗框材料,提高门窗的保温隔热性能。

此外,随着物联网、大数据、人工智能等技术的快速发展,智能化建筑节能技术也逐渐成为研究的热点。这些技术可以实现建筑的智能化管理,提高建筑的能源利用效率,降低建筑的能耗和碳排放。

(三)市场应用

市场应用是地域性建筑节能技术推广与示范的关键环节。只有将建筑节能技术应用于实际项目,才能充分发挥其节能效果和经济效益。因此,政府和企业应共同努力,推动建筑节能技术在市场上的广泛应用。

在市场应用方面,政府应加强对建筑节能技术的宣传和推广,提高公众对建筑节能技术的认识。同时,政府还应通过示范项目、试点工程等方式,展示建筑节能技术的实际效果和应用前景,引导企业和个人积极采用建筑节能技术。

企业作为技术创新的主体,应积极参与建筑节能技术的市场应用。企业可以通过与科研机构合作、引进国外先进技术等方式,提升自身的技术水平和竞争力。同时,企业还应加强对建筑节能技术的市场推广和售后服务,提高客户满意度和市场占有率。

(四)示范项目

示范项目是地域性建筑节能技术推广与示范的重要载体。通过建设示范项目,可以展示建筑节能技术的实际效果和应用前景,为技术推广树立标杆。

在示范项目方面,政府应加大对建筑节能示范项目的支持力度,提供资金、政策等方面的支持。同时,政府还应加强对示范项目的监管和指导,确保项目的顺利实施和取得实效。

企业应积极参与建筑节能示范项目的建设和运营。通过建设示范项目，企业可以展示自身的技术实力和市场竞争力。同时，企业还可以通过示范项目积累宝贵的经验和教训，为未来的技术推广和市场应用提供有益的参考。

在示范项目建设中，应注重地域性特点和技术应用条件。例如，在寒冷地区可以建设采用高效保温隔热材料和智能控制系统的节能建筑示范项目；在炎热地区可以建设采用高效隔热材料和通风降温系统的节能建筑示范项目。这些示范项目不仅可以展示建筑节能技术的实际效果和应用前景，还可以为当地建筑节能工作提供有益的参考。

（五）社会影响

地域性建筑节能技术的推广与示范不仅具有显著的节能效果和经济效益，还具有深远的社会影响。通过推广建筑节能技术，可以提高公众对建筑节能的认识，增强人们的环保意识和节能意识。同时，建筑节能技术的推广还可以带动相关产业的发展和就业机会的增加，促进经济社会的可持续发展。

在社会影响方面，政府应加强对建筑节能技术的宣传和教育工作。通过举办讲座、展览等活动，向公众普及建筑节能知识和技术信息。同时，政府还应加强对建筑节能技术的监管和评估工作，确保技术的有效性和安全性，防止低质、低效的技术进入市场。

企业作为技术创新的主体和市场应用的推动者，也应积极承担社会责任，推动建筑节能技术的推广和应用。企业可以通过开展公益活动、提供技术支持等方式，为建筑节能技术的推广和应用贡献自己的力量。

此外，媒体和公众也应积极参与建筑节能技术的推广和宣传工作。通过媒体的广泛传播和公众的积极参与，可以形成全社会共同关注和支持建筑节能技术的良好氛围。

第二章 公共建筑节能规划与设计

第一节 中国建筑气候特征与气候分区

一、中国建筑气候特征的多样性分析

（一）气候类型多样，建筑风格各异

中国地域辽阔，气候类型多样，这为建筑风格的多样性提供了天然条件。在北方，尤其是东北和华北地区，冬季漫长而寒冷，夏季短暂而炎热。在这种气候条件下，建筑的首要任务是保温和防寒。因此，北方的建筑多采用厚重的墙体和较小的窗户，以减少热量的散失。四合院便是北方建筑的典型代表，它坐北朝南，布局紧凑，既有利于采光，又能有效抵御寒风。四合院的墙体厚实，多采用青砖或夯土建造，屋顶平缓，坡度较小，以适应北方降水较少的特点。

而在南方，尤其是江南和华南地区，气候湿润多雨，夏季炎热。为了适应这种气候，南方的建筑多采用轻盈的木质结构，墙体轻薄，窗户宽大，以利于通风散热。岭南地区的骑楼便是南方建筑的典型代表，它沿街面后退形成公共人行空间，既方便行人避雨遮阳，又体现了南方建筑的通透与灵动。此外，南方的建筑还常常设有天井或庭院，以促进空气流通，降低室内温度。

（二）地形地貌复杂，建筑因地制宜

中国的地形地貌复杂多样，从东部的平原丘陵到西部的高山盆地，从北部的草原沙漠到南部的热带雨林，不同的地形地貌对建筑风格产生了深远影响。在黄土高原，由于土质疏松、直立性好，人们巧妙地利用这一特点开凿出窑洞作为居所。窑洞冬暖夏凉，节能环保，充分展示了人与自然和谐共生的智慧。

在西南地区的云贵高原，由于地形崎岖、气候湿润，人们建造了干栏式建筑。这种建筑底层架空，既有利于防潮避虫，又能饲养牲畜和储存物品。干栏

式建筑多采用竹木结构,轻盈通透,与南方的气候环境相得益彰。

而在沿海地区,由于海风侵蚀严重,建筑多采用耐腐蚀的材料,如青砖、石材等。同时,沿海地区的建筑还常常设有防风墙或防风窗,以抵御强风的侵袭。

(三)季节变化明显,建筑功能多样

中国的季节变化明显,四季分明。这种季节变化对建筑的功能提出了多样化的要求。在北方,冬季漫长而寒冷,建筑需要具备良好的保温性能;夏季短暂而炎热,建筑又需要具备良好的通风散热性能。因此,北方的建筑多采用厚重的墙体和较小的窗户,以减少热量的散失;同时,又设有天井或庭院等开放空间,以促进空气流通。

在南方,夏季炎热潮湿,建筑需要具备良好的通风散热性能;冬季相对温暖,但也需要考虑防寒。因此,南方的建筑多采用轻盈的木质结构,墙体轻薄,窗户宽大,以利于通风散热;同时,又设有遮阳篷、遮阳帘等设施,以抵御烈日的炙烤。

(四)气候与建筑的互动共生

气候与建筑之间存在着密切的互动关系。一方面,气候特征决定了建筑的设计理念和材料选择;另一方面,建筑的设计又反过来影响着气候环境。在北方,厚重的墙体和较小的窗户有效减少了热量的散失,使得室内保持温暖舒适;而在南方,轻盈的木质结构和宽大的窗户则促进了空气流通,降低了室内温度。

此外,建筑的设计还常常考虑如何利用自然气候资源。例如,在南方地区,人们常常利用天井或庭院等开放空间促进空气流通;在北方地区,人们则常常利用火炕或地暖等取暖设施抵御严寒。这些设计都充分展示了人与自然和谐共生的智慧。

二、气候分区的原则与方法探讨

(一)气候分区的原则

1.地带性与非地带性相结合

地带性是指气候随纬度、经度等地理要素有规律地变化的特性,如热带、温带、寒带的划分。非地带性则是指由于地形、海洋、大气环流等因素导致的气候地域分异，如山地气候、海洋性气候等。气候分区需要综合考虑地带性和非地带性因素，以全面反映气候的地域分异规律。

2.气候特征的相似性与差异性

气候分区的基本原则是将气候特征相似的地方划为一区，不同的地方划入另一区。这要求在选择分区指标时，必须能够准确反映气候的主要特征，如温度、降水、湿度、风速等。同时，还需考虑这些指标在不同区域间的差异性，以确保分区的准确性和科学性。

3.实用性与科学性并重

气候分区不仅要具有科学性，还要具有实用性。这意味着分区结果应能够为农业、建筑、交通、能源等领域提供实际指导。例如，在农业气候区划中，需要考虑作物的生长发育对气候条件的要求；在建筑气候区划中，需要考虑建筑物的保温、通风、采光等性能。

4.动态性与稳定性相结合

气候是一个动态变化的过程，受到多种因素的影响。因此，气候分区需要具有一定的动态性，以适应气候变化的趋势。然而，分区结果也应具有一定的稳定性，以便长期应用和研究。这要求在选择分区指标和方法时，充分考虑气候的长期稳定性和变化趋势。

(二)气候分区的方法

1.基于气候要素的统计分析

这种方法通过收集和分析大量的气候观测数据，如温度、降水、湿度、风速等，运用统计学原理和方法，确定气候要素的分布规律和特征值。在此基础上，可以根据气候要素的相似性和差异性进行分区。例如，可以采用聚类分析、判别分析等方法，将具有相似气候特征的区域划为一区。

2.气候类型的划分

气候类型是根据气候要素的综合特征划分的，如热带季风气候、温带大陆性气候等。在中国，气候类型的划分主要基于柯本气候分类法、阿里索夫气候分类法等国际通用的气候分类方法。这些方法通过综合考虑温度、降水、湿度等气候要素，将中国划分为不同的气候类型区域。在此基础上，可以根据气候类型的相似性和差异性进行分区。

3.气候模型的模拟

随着气候模型和计算机技术的发展,气候模型的模拟逐渐成为气候分区的重要手段。通过构建气候模型,可以模拟不同区域的气候变化过程和特征。在此基础上,可以根据模拟结果进行气候分区。例如,可以利用全球气候模型(GCMs)或区域气候模型(RCMs)模拟中国不同区域的气候变化,然后根据模拟结果进行分区。

4.综合方法

在实际应用中,气候分区往往采用综合方法,即结合定量方法和定性方法,以及气候要素的统计分析、气候类型的划分和气候模型的模拟等多种手段。这种方法可以充分利用各种方法的优点,提高气候分区的准确性和科学性。例如,可以先通过气候要素的统计分析确定气候要素的分布规律和特征值,然后结合气候类型的划分和气候模型的模拟结果进行分区。

在气候分区的过程中,还需要注意以下几个问题:一是分区指标的选择应科学合理,能够准确反映气候的主要特征;二是分区方法应简单易行,便于实际应用和推广;三是分区结果应具有一定的稳定性和可靠性,以便于长期应用和研究。同时,随着气候观测数据的不断丰富和气候模型的不断完善,气候分区的方法和结果也将不断更新和完善。

三、气候分区对建筑节能设计的影响

(一)气候分区与建筑节能设计的基础关联

气候分区通过综合考量温度、湿度、降水、风速等气候要素,将地球表面划分为具有相似气候特征的区域。这种划分不仅有助于我们认识不同地区的气候特点,更为建筑节能设计提供了科学依据。建筑节能设计需要根据当地的气候特征,合理确定建筑的保温、隔热、通风等性能要求,并选用适宜的建筑材料和构造方式。气候分区为这一过程提供了明确的方向和参考,使得设计更加符合当地的气候条件,实现节能与舒适的双重目标。

(二)气候分区对建筑节能设计的影响体现

1.建筑布局与朝向的优化

气候分区对建筑节能设计的影响首先体现在建筑布局与朝向的优化上。

在不同气候区,建筑的布局和朝向对室内热环境的影响截然不同。例如,在寒冷气候区,建筑的布局应紧凑,以减少冬季的热损失;同时,建筑应尽可能朝南,以充分利用冬季的日照。而在炎热气候区,建筑的布局则应相对松散,以利于夏季的通风降温;同时,建筑应避免日晒,以减少夏季的得热量。

此外,气候分区还影响着建筑的群体布局。在寒冷气候区,建筑的群体布局应紧凑,以降低冬季的风速,提高建筑的保温性能。而在炎热气候区,建筑的群体布局则应相对松散,以利于夏季的通风降温,缓解建筑的热岛效应。

2.建筑围护结构的性能要求

气候分区对建筑节能设计的影响还体现在建筑围护结构的性能要求上。在不同气候区,建筑的围护结构需要满足不同的保温、隔热、通风等性能要求。例如,在寒冷气候区,建筑的墙体、屋顶和地面等围护结构需要具备良好的保温性能,以减少冬季的热损失。而在炎热气候区,建筑的围护结构则需要具备良好的隔热性能,以减少夏季的得热量。

此外,气候分区还影响着建筑围护结构的构造方式。在寒冷气候区,建筑的墙体可以采用厚重的砖石结构,并设置保温层,以提高建筑的保温性能。而在炎热气候区,建筑的墙体则可以采用轻质、高强的材料,并设置通风间层或遮阳设施,以提高建筑的隔热性能。

3.建筑材料与构造方式的选用

气候分区对建筑节能设计的影响还体现在建筑材料与构造方式的选用上。在不同气候区,需要选用适宜的建筑材料和构造方式,以满足当地的节能要求。例如,在寒冷气候区,可以选用导热系数低、保温性能好的材料,如岩棉、玻璃棉等,并设置保温层,以提高建筑的保温性能。而在炎热气候区,则可以选用反射率高、隔热性能好的材料,如白色涂料、反射隔热膜等,并设置通风间层或遮阳设施,以提高建筑的隔热性能。

此外,气候分区还影响着建筑的细部构造设计。例如,在寒冷气候区,建筑的门窗需要具备良好的密封性能,以减少冬季的热损失。而在炎热气候区,建筑的门窗则需要具备良好的通风性能,以利于夏季通风降温。

(三)气候分区在建筑节能设计中的应用实践

气候分区在建筑节能设计中的应用实践已经取得了显著的成效。通过合理确定建筑的布局、朝向、围护结构的性能要求以及选用适宜的建筑材料和构造方式，可以显著降低建筑的能源消耗，提升建筑的能源利用效率。例如，在寒冷气候区，通过优化建筑的布局和朝向，以及选用保温性能好的材料，可以显著减少冬季的供暖能耗。而在炎热气候区，通过优化建筑的布局和朝向，以及选用隔热性能好的材料，可以显著减少夏季的空调能耗。

同时，气候分区还促进了建筑节能技术的创新和发展。针对不同气候区的特点，研究人员开发了多种新型节能材料和构造方式，如相变材料、智能遮阳系统等，为建筑节能设计提供了更多的选择和可能性。

四、针对不同气候分区的建筑节能设计策略

（一）严寒气候区建筑节能设计策略

严寒气候区，如中国的东北、内蒙古等地，冬季漫长而寒冷，夏季短暂而凉爽。针对这一气候特点，建筑节能设计需重点关注保温和防寒。

1.增强建筑围护结构的保温性能

墙体、屋顶和地面等围护结构应采用高保温性能的材料，如岩棉、玻璃棉、聚苯乙烯泡沫塑料等，并设置足够的保温层厚度，以减少热量散失。

2.优化建筑布局与朝向

建筑应尽可能朝南布置，以充分利用冬季的日照。同时，建筑布局应紧凑，以减少冷风渗透和热量散失。

3.提高门窗的保温和密封性能

门窗是热量散失的主要通道，应采用双层或三层玻璃，并安装密封条，以提高保温和密封性能。

4.利用被动式太阳能采暖

通过设置南向的大窗、集热墙等，充分利用冬季的日照，提高室内温度。

（二）寒冷气候区建筑节能设计策略

寒冷气候区，如中国的华北、西北等地，冬季较冷，夏季较热，但冬季时间相对较长。建筑节能设计需兼顾保温和隔热。

1.采用复合墙体结构

墙体应采用复合墙体结构，即在主体结构的基础上增加一层或几层保温

材料，以提高保温性能。

2.优化建筑体型与朝向

建筑体型应尽可能简洁，减少凹凸面，以降低体型系数，减少热量散失。同时，建筑应尽可能朝南布置，以充分利用冬季的日照。

3.提高门窗的热工性能

门窗应采用高性能的节能门窗，如断桥铝门窗，并采用双层或三层玻璃，以提高保温和隔热性能。

4.设置合理的遮阳设施

夏季需设置合理的遮阳设施，如遮阳篷、百叶窗等，以减少太阳辐射热对室内的影响。

（三）夏热冬冷气候区建筑节能设计策略

夏热冬冷气候区，如中国的长江中下游地区，夏季炎热潮湿，冬季寒冷。建筑节能设计需重点关注隔热、通风和防潮。

1.增强建筑围护结构的隔热性能

墙体、屋顶和地面等围护结构应采用高隔热性能的材料，如反射隔热涂料、隔热瓦等，并确保足够的隔热层厚度，以减少太阳辐射热对室内的影响。

2.优化建筑布局与通风

建筑布局应有利于夏季的通风，如采用错落式布局，形成风道。同时，建筑应尽可能避免日晒，以减少太阳辐射热。

3.提高门窗的隔热和通风性能

门窗应采用高性能的节能门窗，如断桥铝门窗，并采用双层或三层玻璃，以提高隔热性能。同时，门窗应具备良好的通风性能，以利于夏季通风降温。

4.设置合理的防潮设施

夏季需设置合理的防潮设施，如地面防潮层、墙体防潮层等，以防止室内潮湿。

（四）夏热冬暖气候区建筑节能设计策略

夏热冬暖气候区，如中国的华南地区，夏季炎热潮湿，冬季温暖。建筑节能设计需重点关注隔热、通风和遮阳。

1.增强建筑围护结构的隔热性能

墙体、屋顶和地面等围护结构应采用高隔热性能的材料,如反射隔热涂料、隔热瓦等,并确保足够的隔热层厚度,以减少太阳辐射热对室内的影响。

2.优化建筑布局与通风

建筑布局应有利于夏季通风,如采用开放式布局,形成风道。同时,建筑应尽可能避免西晒,以减少太阳辐射热。

3.提高门窗的隔热和通风性能

门窗应采用高性能节能门窗,如断桥铝门窗,并采用双层或三层玻璃,以提高隔热性能。同时,门窗应具备良好的通风性能,以利于夏季的通风降温。

4.设置合理的遮阳设施

夏季需设置合理的遮阳设施,如遮阳篷、百叶窗等,以减少太阳辐射热对室内的影响。同时,可考虑设置屋顶绿化或垂直绿化,以降低室内温度。

第二节 建筑节能与室内环境质量

一、室内环境质量对建筑节能的重要性

(一)室内环境质量的基本构成及其对节能的影响

1.温度与湿度

室内温度和湿度是影响人体舒适度的重要因素。合理的温度和湿度调节不仅能够提高居住者的生活质量,还能在一定程度上减少建筑能耗。例如,在夏季,通过合理的通风和遮阳设计,可以有效降低室内温度,减少空调的使用频率和时间,从而降低建筑能耗。同样,在冬季,通过加强建筑的保温性能,可以减少热量的散失,降低采暖能耗。

2.空气质量

室内空气质量直接关系到居住者的健康。良好的通风和空气过滤系统可以确保室内空气的清新和洁净,减少污染物的积聚。这不仅有助于提高居住者的健康水平,还能在一定程度上降低建筑能耗。例如,通过自然通风和机械

通风的结合使用，可以在保证室内空气质量的同时，减少空调和通风设备的运行时间，从而实现节能。

3. 采光

室内采光不仅影响视觉舒适度，还与建筑节能密切相关。充足的自然采光不仅可以减少人工照明的需求，降低电能消耗，还能在一定程度上提升居住者的心情和工作效率。因此，在建筑设计中，应充分考虑自然采光的设计，通过合理的窗户布局和遮阳设施的设置，实现节能与舒适的双重目标。

4. 声学

室内声学环境对居住者的舒适度和健康同样重要。良好的声学设计可以减少噪声干扰，提高居住者的生活质量。同时，合理的声学设计还能在一定程度上促进建筑节能。例如，通过优化建筑布局和墙体、门窗的隔声性能，可以减少室外噪声的传入，降低室内噪声水平，从而减少空调和通风设备的运行时间，实现节能。

（二）室内环境质量对建筑节能的间接影响

1. 提高居住者的节能意识

良好的室内环境质量能够提升居住者的生活品质，使他们对建筑节能的重要性有更深刻的认识。当居住者感受到室内环境的舒适和健康时，他们更愿意采取节能措施，如合理使用空调、照明等设备，从而降低建筑能耗。

2. 促进节能技术的应用

为了提升室内环境质量，建筑设计师和工程师会不断探索和应用新的节能技术。这些技术的应用不仅有助于提升室内环境质量，还能在一定程度上促进建筑节能。例如，智能建筑控制系统、高效节能设备等的应用，可以在保证室内环境质量的同时，实现能源的高效利用。

3. 推动建筑行业的可持续发展

室内环境质量与建筑节能紧密结合是推动建筑行业可持续发展的重要途径。通过提升室内环境质量，促进建筑节能，可以降低建筑能耗，减少温室气体排放，从而保护环境和生态平衡。这不仅有助于提升建筑行业的竞争力，还能为社会的可持续发展做出贡献。

(三)室内环境质量在建筑节能设计中的应用实践

1.绿色建筑设计

在绿色建筑设计中,室内环境质量被视为与建筑节能同等重要的目标。通过采用环保材料、优化建筑布局、设置合理的遮阳和通风设施等手段,可以在保证室内环境质量的同时,实现能源的高效利用。

2.智能建筑控制系统

智能建筑控制系统能够根据室内环境质量的变化自动调节空调、照明等设备的运行参数,从而在保证室内环境质量的同时实现节能。例如,当室内温度过高时,系统会自动开启空调降低温度;当室内光线过暗时,系统会自动开启照明设备。

3.被动式建筑设计

被动式建筑设计是一种充分利用自然资源和环境条件来实现节能和舒适的设计方法。通过合理的建筑布局、朝向、体型和围护结构设计等手段,可以在保证室内环境质量的同时,实现能源的高效利用。例如,在寒冷地区,通过采用南向布局和高效的保温隔热材料,可以在保证室内温暖的同时,减少采暖能耗。

4.室内环境质量监测与评估

为了准确掌握室内环境质量的变化情况,许多建筑项目都配备了室内环境质量监测与评估系统。这些系统能够实时监测室内的温度、湿度、空气质量、采光和声学等要素的变化情况,并根据监测结果及时调整建筑设备的运行参数,从而在保证室内环境质量的同时实现节能。

二、建筑节能设计对室内环境质量的保障

(一)建筑节能设计对室内温度与湿度的调节

温度与湿度是室内环境质量的重要指标,直接影响居住者的舒适度和健康。建筑节能设计通过优化建筑围护结构、合理布局和选用高效节能设备等手段,实现对室内温度与湿度的有效控制。

1.优化建筑围护结构

建筑节能设计注重提高建筑围护结构的保温隔热性能。在寒冷地区,采用高性能的保温隔热材料,如岩棉、玻璃棉、聚苯乙烯泡沫塑料等,可以有效减

少热量的散失,保持室内温暖。在炎热地区,通过设置反射隔热层、遮阳设施等,可以减少太阳辐射热对室内的影响,降低室内温度。此外,通过优化建筑体型、朝向和窗墙比等,也可以改善室内微气候,提高居住舒适度。

2.合理布局与通风设计

建筑节能设计注重建筑的合理布局和通风设计。通过优化建筑布局,形成自然通风风道,可以有效利用自然风力,降低室内温度,提高居住舒适度。同时,合理的通风设计还可以排出室内污浊空气,引入新鲜空气,保持室内空气清新。

3.选用高效节能设备

建筑节能设计注重选用高效节能设备,如地源热泵、空气源热泵、高效节能空调等。这些设备不仅具有高效节能的特点,还能够根据室内温度与湿度的变化自动调节运行状态,为居住者提供舒适、稳定的室内环境。

(二)建筑节能设计对室内空气质量的改善

室内空气质量直接关系到居住者的健康。建筑节能设计通过优化建筑通风系统、选用环保材料和设置空气净化设施等手段,有效改善了室内空气质量。

1.优化建筑通风系统

建筑节能设计注重建筑通风系统的优化。通过合理设置通风口、风道和风机等设备,可以实现室内外空气的有效交换,排出室内污浊空气,引入新鲜空气。同时,采用新风系统或机械通风系统,可以在保证室内空气质量的同时实现节能。

2.选用环保材料

建筑节能设计注重选用环保材料。环保材料在生产、使用和废弃过程中对环境的影响较小,且不会释放有害物质,从而保证了室内空气的清新和健康。例如,采用低挥发性有机化合物(VOC)涂料、环保地板和家具等,可以有效减少室内空气污染物的浓度。

3.设置空气净化设施

建筑节能设计还注重设置空气净化设施。通过安装空气净化器、新风换气机等设备,可以有效去除室内空气中的细菌、病毒、尘埃等有害物质,提高室内空气质量。这些设备不仅具有高效净化的特点,还能够根据室内空气质量的变化自动调节运行状态,为居住者提供健康、安全的室内环境。

(三)建筑节能设计对室内采光的优化

充足的自然采光不仅可以提高室内亮度,改善视觉环境,还能够减少人工照明的需求,降低电能消耗。建筑节能设计通过优化建筑布局、窗户设计和遮阳设施等手段,实现对室内采光的优化。

1.优化建筑布局与窗户设计

建筑节能设计注重建筑布局与窗户设计的优化。通过合理设置窗户的大小、位置和开启方式等,可以充分利用自然光线,提高室内亮度。同时,采用透光性好、保温隔热性能强的窗户材料,如中空玻璃、低辐射玻璃等,还可以在保证采光效果的同时,提高窗户的保温隔热性能。

2.设置遮阳设施

建筑节能设计还注重设置遮阳设施。通过安装遮阳篷、百叶窗、遮阳帘等设施,可以有效减少太阳辐射热对室内的影响,降低室内温度。同时,遮阳设施还可以根据太阳辐射强度和角度的变化自动调节运行状态,为居住者提供舒适、稳定的室内环境。

(四)建筑节能设计对室内声环境的改善

室内声环境直接影响居住者的舒适度和健康。建筑节能设计通过优化建筑布局、选用隔声材料和设置隔声设施等手段,有效改善了室内声环境。

1.优化建筑布局

建筑节能设计注重建筑布局的优化。通过合理设置建筑的功能分区和房间布局等,可以减少噪声的干扰和传播。例如,将产生噪声的设备或房间设置在远离居住区的位置,或者采用隔音墙体和楼板等隔声措施,可以有效降低噪声对室内环境的影响。

2.选用隔声材料

建筑节能设计注重选用隔声材料。隔声材料具有良好的隔声性能,可以有效减少噪声的传播和干扰。例如,采用隔声玻璃、隔声门、隔声窗等隔声构件,可以显著提高室内声环境的舒适度。

3. 设置隔声设施

建筑节能设计还注重设置隔声设施。通过安装隔音板、隔音墙、隔音吊顶等设施，可以进一步降低噪声对室内环境的影响。这些隔声设施不仅具有高效隔音的特点，还能够根据室内声环境的变化自动调节运行状态，为居住者提供安静、舒适的室内环境。

三、室内环境质量评价指标与标准介绍

（一）室内空气质量评价指标与标准

室内空气质量是室内环境质量的核心组成部分，直接影响人们的呼吸健康。常见的室内空气质量评价指标包括甲醛、苯、TVOC（总挥发性有机化合物）、氨、氡等有害物质的浓度，以及二氧化碳等气体的含量。

在中国，室内空气质量评价主要依据两个标准：GB/T 18883—2022《室内空气质量标准》和GB 50325—2020《民用建筑工程室内环境污染控制标准》。前者是国家推荐性标准，适用于住宅和办公建筑物内部的室内环境质量评价，侧重于从人类健康出发，规定了19项指标的限值；后者是国家强制性标准，适用于民用建筑工程（包括土建和装修）的建筑工程质量验收，规定了5项主要污染物的限值。

以甲醛为例，GB/T 18883—2022标准要求室内空气中甲醛浓度不得超过0.1mg/m³，而GB 50325—2020标准则根据建筑类型（一类建筑如住宅、医院等，和二类建筑如办公室、商店等）分别规定了更严格的限值，一类建筑不得超过0.07mg/m³，二类建筑不得超过0.08mg/m³。

除了国家标准，一些行业协会或企业也制定了更为严格的室内空气质量评价标准，如杭州市装饰装修协会联合杭州导行供应链管理有限公司发布的《导行即住标准》，对甲醛、苯、TVOC等有害物质的浓度提出了更低的限值，以满足对室内环境质量有更高要求的消费者的需求。

（二）温湿度评价指标与标准

温湿度是影响室内环境质量的重要因素之一。适宜的温湿度可以提高人们的舒适度和工作效率，而过高或过低的温湿度则可能引发健康问题。

对于温湿度的评价标准，虽然没有统一的国家标准，但通常认为夏季室内

温度应保持在22～28℃，相对湿度在40%～80%；冬季室内温度应保持在16～24℃，相对湿度在30%～60%。在装有空调的室内，室温为19～24℃、湿度为40%～50%时，人会感到最舒适。

值得注意的是，不同人群对温湿度的感受可能存在差异。例如，老年人和儿童对温湿度的变化更为敏感，因此在实际应用中需要根据具体情况进行调整。

（三）采光评价指标与标准

采光是指室内获得天然光的条件，充足的采光不仅可以提高室内亮度，还可以改善人们的心理状态和提高工作效率。

采光评价指标主要包括照度、照度均匀度和眩光等。照度是指单位面积上所接收的光通量，是衡量室内明亮程度的重要指标。照度均匀度则是指室内各点照度的比值，过低的比值可能导致视觉不适。眩光则是指由于亮度分布不当或亮度变化过大而产生的刺眼现象。

虽然没有统一的国家标准对室内采光进行具体规定，但通常认为室内工作面的照度应不低于300lx（勒克斯），照度均匀度应不低于0.7，且应避免产生眩光。在实际应用中，需要根据建筑类型、使用功能等因素进行具体设计。

（四）声环境评价指标与标准

声环境是指某一区域声音的状况，良好的声环境可以提高人们的舒适度和工作效率，而嘈杂的声环境则可能引发听力损伤、心理压力等问题。

声环境评价指标主要包括噪声级、噪声频谱和噪声持续时间等。噪声级是指声音的强弱程度，是衡量室内声环境的重要指标。噪声频谱是指噪声中各频率成分的分布情况，不同的噪声频谱对人的影响也不同。噪声持续时间则是指噪声持续的时间长短，长时间的噪声暴露可能对人体健康造成更大影响。

在中国，室内声环境评价主要依据GB 3096—2008《声环境质量标准》和GB 50118—2010《民用建筑隔声设计规范》等标准。这些标准规定了不同功能区（如住宅、医院、学校、办公室等）的噪声限值，以及建筑构件（如墙体、楼板、门窗等）的隔声性能要求。

（五）电磁辐射评价指标与标准

随着电子产品的普及，电磁辐射问题日益受到关注。虽然目前尚无直接证据表明低强度电磁辐射对人体健康有长期影响,但长期暴露在高强度电磁辐射下可能对人体健康造成危害。

电磁辐射评价指标主要包括电场强度、磁场强度和电磁辐射功率密度等。在中国,电磁辐射评价主要依据GB 8702—2014《电磁环境控制限值》等标准。这些标准规定了不同功能区(如居民区、商业区、工业区等)的电磁辐射限值,以及电子设备(如手机基站、微波炉、电视机等)的电磁辐射安全要求。

四、提升室内环境质量与建筑节能的协同策略

(一)建筑设计与室内环境质量的协同优化

建筑设计是提升室内环境质量与建筑节能的起点。在建筑设计阶段,就应充分考虑室内环境质量的需求,并通过合理的建筑布局、朝向、体型等设计手段,实现节能与舒适的双重目标。

1.优化建筑布局与朝向

合理的建筑布局可以减少太阳辐射对室内环境的不利影响,同时提高自然通风的效率。例如,将建筑的主要功能房间布置在南北朝向,可以有效利用自然光线,减少人工照明的使用,同时也有利于冬季的保暖和夏季的散热。

2.采用被动式节能设计

被动式节能设计是一种不依赖主动式能源系统的节能方式,如利用建筑自身的保温隔热性能、自然通风、采光等实现节能目标。通过合理设计建筑的外墙、屋顶、门窗等围护结构,提高其保温隔热性能,可以有效减少室内外热量的传递,降低采暖和制冷能耗。

3.引入绿色建筑材料

绿色建筑材料具有环保、节能、健康等特点,如低挥发性有机化合物(VOC)涂料、环保地板、节能门窗等。这些材料的使用不仅可以减少室内空气污染,还可以提高建筑的能效。

(二)智能化技术在室内环境质量与建筑节能中的应用

智能化技术是提升室内环境质量与建筑节能的重要手段。通过引入智能化系统,可以实现对室内环境质量的精准控制和对建筑能耗的有效管理。

1.智能照明系统

智能照明系统可以根据室内光线强度自动调节灯光亮度，避免过度照明造成的能源浪费。同时，通过预设场景模式（如阅读模式、休闲模式等），可以为居住者提供更加舒适的光环境。

2.智能温控系统

智能温控系统可以根据室内外温度自动调节空调或暖气的工作状态，实现室内温度的稳定控制。此外，通过与智能窗帘、通风系统等设备的联动，可以进一步提高室内环境质量和节能效果。

3.智能安防与监测系统

智能安防与监测系统可以实时监测室内环境质量和建筑能耗情况，及时发现并处理潜在问题。例如，通过监测室内空气质量、温湿度等参数，可以及时调整通风系统或空调系统的工作状态，确保室内环境质量达标。

（三）可再生能源的利用与室内环境质量的协同提升

可再生能源的利用是实现建筑节能的重要途径，同时也有助于提升室内环境质量。例如，太阳能、风能等可再生能源不仅可以为建筑提供清洁电力，还可以减少对传统能源的依赖，降低碳排放。

1.太阳能光伏系统的应用

在建筑的屋顶或立面安装太阳能光伏板，可以将太阳能转化为电能，为建筑提供清洁电力。同时，通过合理的建筑设计，还可以将太阳能光伏板与建筑外观相结合，实现美观与实用的双重目标。

2.地热能的应用

地热能是一种稳定、可再生的能源，可以通过地源热泵系统等设备将地下的热量或冷量提取出来，为建筑提供采暖或制冷服务。这种方式不仅节能环保，还可以提高室内环境质量的稳定性。

3.风能等可再生能源的利用

在风力资源丰富的地区，可以考虑安装小型风力发电机等设备，为建筑提供额外的电力支持。虽然这种方式可能受到地域限制，但在特定条件下仍然具有较大的应用潜力。

(四)室内环境质量与建筑节能的协同管理

实现室内环境质量与建筑节能的协同提升,还需要加强室内环境质量与建筑节能的协同管理。这包括制定科学的管理制度、加强人员培训、提高公众意识等。

1.制定科学的管理制度

制定一套科学的管理制度,明确室内环境质量与建筑节能的目标、责任、措施等,确保各项工作的有序进行。同时,建立有效的监督考核机制,对室内环境质量和建筑节能效果进行定期评估和反馈。

2.加强人员培训

加强对建筑设计师、施工人员、物业管理人员等相关人员的培训,提高他们的专业素养和节能意识。通过培训,使他们更加了解室内环境质量与建筑节能的关系,掌握相关的技术和方法。

3.提高公众意识

通过宣传教育、示范展示等方式,提高公众对室内环境质量与建筑节能的认识和重视程度。鼓励居民采取节能措施,如合理使用电器设备、积极参与节能减排活动等,共同推动建筑行业的可持续发展。

第三节　建筑规划与节能设计方法

一、建筑规划阶段节能设计的意义与原则

(一)建筑规划阶段节能设计的意义

1.推动可持续发展

建筑作为人类活动的重要载体,其能耗占全球总能耗的相当大的比例。在建筑规划阶段融入节能设计,可以有效降低建筑在整个生命周期中的能耗,减少对自然资源的过度开采和对环境的污染。这不仅是对当代人负责,更是对后代人负责,有助于推动社会可持续发展。

2.提升建筑能效

建筑规划阶段的节能设计是提升建筑能效的关键。通过合理的建筑布局、朝向选择、建筑材料和设备的选用,可以在源头上确保建筑具备高效节能的特质。这不仅能够降低建筑运营过程中的能耗,还能提高建筑的舒适度和使用寿命,为居住者和使用者创造更加宜居的环境。

3.降低运营成本

节能建筑在运营过程中能耗较低,因此可以显著降低电费、水费等运营成本。对于商业建筑来说,这意味着更高的租金收益和更低的运营成本;对于住宅建筑来说,则意味着居民可以享受到更加经济实惠的居住环境。因此,建筑规划阶段的节能设计对于降低建筑运营成本具有重要意义。

4.增强市场竞争力

随着人们环保意识的提高,节能建筑在市场上越来越受到青睐。具备高效节能特性的建筑不仅符合现代人的审美观念和生活需求,还能够提升建筑的市场价值,增强其在房地产市场上的竞争力。因此,建筑规划阶段的节能设计对于开发商来说是一个重要的市场策略。

(二)建筑规划阶段节能设计的原则

1.整体性原则

建筑规划阶段的节能设计应遵循整体性原则,将节能理念贯穿于建筑设计的全过程。这要求设计师在建筑布局、空间组织、材料选择等方面都要充分考虑节能因素,确保建筑在整体上达到节能效果。同时,还要注重建筑与自然环境的和谐共生,实现人与自然的和谐共处。

2.经济性原则

节能设计应在保证节能效果的前提下,合理控制建设成本。建筑规划阶段应充分考虑各种节能措施的成本效益比,选择性价比最高的节能方案。这要求设计师在节能设计与经济效益之间找到平衡点,确保节能建筑既具有环保性又具有经济性。

3.适应性原则

建筑规划阶段的节能设计应充分考虑不同地区的气候条件、文化背景和使用需求等因素。不同地区的气候差异较大,因此节能设计应因地制宜,采用适合当地气候条件的节能技术和措施。同时，还要考虑建筑的文化背景和使用需求，确保节能设计与建筑的整体风格和功能相协调。

4.科学性原则

节能设计应基于科学研究和技术进步，采用科学合理的节能方法和手段。建筑规划阶段应充分利用现代科技手段，如建筑模拟软件、能耗分析工具等，对节能设计进行精确模拟和分析。通过科学的方法和手段，可以更加准确地预测建筑的能耗情况，为节能设计提供有力的支持。

5.前瞻性原则

建筑规划阶段的节能设计应具有前瞻性，考虑未来技术的发展趋势和人们生活方式的变化。随着科技的进步和人们环保意识的提高，未来建筑将更加注重节能和环保。因此，设计师在建筑规划阶段就应充分考虑未来技术的发展趋势和人们生活方式的变化，为建筑的未来发展留下足够的空间。

二、建筑规划与节能设计的融合路径

（一）建筑规划与节能设计融合的背景与意义

1.背景分析

随着全球经济的快速发展和人口的不断增长，建筑能耗急剧增加，成为能源消耗的主要领域之一。同时，建筑行业的碳排放量也占据了全球碳排放总量的相当大的比例。因此，如何在建筑规划与设计中融入节能理念，降低建筑能耗和碳排放，已成为全球建筑领域共同面临的挑战。

2.意义阐述

建筑规划与节能设计的融合，对于推动建筑行业的绿色发展具有重要意义。首先，它有助于提升建筑的能效水平，降低建筑运营过程中的能耗和碳排放，为环境保护和可持续发展做出贡献。其次，节能设计可以显著降低建筑的运营成本，提高建筑的经济效益。此外，具备高效节能特性的建筑在市场上更具竞争力，有助于提升建筑企业的品牌形象和市场地位。

（二）建筑规划与节能设计的融合路径

1.理念融合

在建筑规划阶段，应树立节能优先的规划理念，将节能设计作为建筑规划的重要组成部分。这要求规划者充分考虑建筑的功能需求、环境特点和技术条件，制订符合节能要求的规划方案。同时，还应加强对节能设计的研究和推广，提高规划者和设计者对节能设计的认识和重视程度。

2.空间布局优化

合理的建筑空间布局是实现节能设计的关键。通过优化建筑朝向、间距和窗墙比等参数，可以充分利用自然采光和通风，减少人工照明和空调的使用，从而降低建筑能耗。例如，在建筑规划中，应优先考虑南北朝向，以最大限度地利用太阳辐射和自然通风；同时，还应合理设置建筑间距和窗墙比，确保室内光照充足、空气流通。

3.建筑材料与构造创新

建筑材料与构造的创新是提升建筑节能效果的重要手段。通过选用高性能的保温隔热材料、优化墙体构造和窗户设计等措施，可以显著提高建筑围护结构的保温隔热性能，减少建筑能耗。例如，在建筑规划中，应优先考虑使用新型保温隔热材料，如岩棉、玻璃棉、聚氨酯等。同时，还应加强对窗户设计的优化，如采用断桥铝合金窗框、高性能玻璃等，以提高窗户的保温隔热性能。

4.可再生能源利用

可再生能源的利用是实现建筑节能的重要途径。在建筑规划中，应充分考虑当地的可再生能源资源条件，合理设置太阳能光伏板、风力发电装置等可再生能源利用设施，以实现建筑的能源自给自足。同时，还应加强对可再生能源利用技术的研究和推广，提高可再生能源利用效率和可靠性。

5.智能化管理

智能化管理是实现建筑节能的有效手段。通过引入智能建筑管理系统、能耗监测系统等智能化技术，可以实时监测和控制建筑的能耗情况，优化建筑运营策略，提高建筑运营能效。例如，在建筑规划中，应优先考虑设置智能建筑管理系统，通过集成控制、远程监控等手段，实现对建筑能耗的精细化管理；同时，还应加强对能耗监测系统的建设和完善，为节能设计提供数据支持和决策依据。

6.政策引导与激励

政策引导与激励是推动建筑规划与节能设计融合的重要保障。政府应加强对节能设计的政策引导和支持力度，制定和完善相关法规和标准体系；同时，还应加强对节能设计技术的研发和推广力度，提高节能设计的普及率和应用水平。此外，政府还可以通过财政补贴、税收优惠等激励措施，鼓励企业和个人积极参与节能设计的实践和创新活动。

三、节能设计方法在建筑规划中的应用实例

（一）丹麦哥本哈根8 House

丹麦哥本哈根8 House是一座集公寓、办公室和商业空间于一体的综合性建筑，其在建筑规划阶段就充分融入了节能设计方法。

1. 被动式设计

8 House采用了被动式设计策略，通过优化建筑的朝向和布局，以最大限度地利用自然光和通风。建筑的主要生活区域朝向南方，以获得充足的阳光；同时，建筑的北侧则设计有较高的遮阳设施，以防止过多的热量进入室内。这种设计不仅提高了室内的舒适度，还有效降低了能耗。

2. 高效能源系统

8 House采用了高效的能源系统，包括地源热泵、太阳能光伏板和热回收系统等。这些系统可以有效地提供建筑所需的供暖、制冷和热水，实现了能源的高效利用。例如，地源热泵通过吸收地下土壤中的热量进行供暖或制冷，比传统的空调系统更加节能环保。

3. 绿色屋顶和立面

8 House的屋顶和立面上种植了大量的植被，形成了一个绿色的“空中花园”。这不仅美化了建筑外观，还有助于减小室内外温度差异，提高居住者的舒适度。同时，绿色屋顶和立面还能滞留雨水，减轻城市排水系统的压力。

4. 可持续建筑材料

在建筑材料的选择上，8 House尽量采用可持续、环保的材料，如木材、竹材等。这些材料具有较低的碳足迹，且在使用过程中对环境的影响较小。此外，建筑还采用了大量的回收材料和再生材料，进一步降低了建筑的环境负荷。

（二）中国某绿色建筑示范项目

该项目位于中国某城市，是一座集办公、商业和住宅于一体的综合性建筑。在建筑规划阶段充分融入了节能设计方法。

1. 自然采光与通风

项目通过优化建筑的朝向和布局，最大限度地利用自然光和通风。建筑的主要办公区域朝向南方，以获得充足的阳光。同时，建筑的窗户设计采用了大面积的玻璃幕墙，增加了室内的采光面积。此外，建筑还设置了多个通风口和天井，促进了室内的空气流通。

2. 高效围护结构

项目的围护结构采用了高性能的保温隔热材料，如岩棉、聚氨酯等。这些材料具有较低的导热系数和较高的热阻，有效地降低了建筑的能耗。同时，建筑的窗户也采用了双层中空玻璃，提高了窗户的保温隔热性能。

3. 可再生能源利用

项目在建筑规划阶段就充分考虑了可再生能源的利用。建筑的屋顶安装了太阳能光伏板，可以为建筑提供部分电力。此外，建筑还采用了地源热泵系统，利用地下土壤中的热量进行供暖或制冷，进一步降低了建筑的能耗。

4. 智能化管理系统

项目引入了智能化管理系统，对建筑的能耗进行实时监测和控制。系统可以根据室内外温度、光照强度等因素自动调节供暖、制冷和照明设备的运行状态，实现能耗的最优化。同时，系统还能对建筑的能耗数据进行统计和分析，为后续的节能改造提供数据支持。

（三）节能设计方法在建筑规划中的应用效果

通过以上实例可以看出，节能设计方法在建筑规划中的应用效果显著。它不仅能够提高建筑的能效水平，降低能耗和碳排放，还能提升建筑的居住舒适度和使用效率。

1. 降低能耗

通过科学合理的规划布局和高效能源系统的应用，建筑节能设计可以显著降低建筑的能耗。例如，地源热泵系统和太阳能光伏板的应用可以大大减少建筑对传统能源的依赖。

2. 提高舒适度

节能设计方法的应用还可以提高建筑的居住舒适度。例如，通过优化建筑的朝向和布局，最大限度地利用自然光和通风，可以提高室内的舒适度和空气质量。

3. 促进可持续发展

建筑节能设计是推动可持续发展的重要一环。通过减少能源消耗和碳排放，可以为环境保护和应对气候变化做出贡献。同时，节能设计方法的应用还可以促进建筑行业的绿色发展和技术创新。

4. 提高经济效益

虽然节能设计方法的应用可能会增加建筑的初期投资成本，但从长远来看，它可以显著降低建筑的运营成本和能耗费用。因此，建筑节能设计对于提升建筑的经济效益也具有重要意义。

四、建筑规划节能设计的优化与创新方向

（一）建筑规划节能设计的优化方向

1. 被动式节能设计的深化应用

被动式节能设计是指通过优化建筑本身的结构、布局和材料选择，最大限度地利用自然能源，减少建筑对人工能源的依赖。在未来的建筑规划节能设计中，被动式节能设计的深化应用将成为重要的优化方向。例如，通过更加精准的朝向设计，使建筑能够最大限度地接收太阳能；通过优化建筑体型和窗墙比，提高建筑的保温隔热性能；通过合理的绿化设计，利用植被的遮阳、降温和空气净化作用等。

2. 高效能源系统的集成应用

高效能源系统是建筑节能设计的核心组成部分。未来的建筑规划节能设计将更加注重高效能源系统的集成应用，如地源热泵系统、太阳能光伏系统、风力发电系统等。这些系统不仅能够提供清洁、可持续的能源供应，还能通过智能化的控制和管理，实现能源的高效利用。同时，随着技术的不断进步，这些能源系统的成本也将逐渐降低，使得其在建筑规划中的应用更加广泛和普及。

3. 智能化节能管理的推广

智能化节能管理是建筑规划节能设计的另一个重要的优化方向。通过引入智能化的管理系统，可以实现对建筑能耗的实时监测和控制，优化能源使用策略，提高能源利用效率。例如，智能化的照明控制系统可以根据室内外光照

强度自动调节照明亮度;智能化的温控系统可以根据室内外的温度差异自动调节供暖或制冷强度。此外,智能化节能管理还能通过数据分析和预测,为建筑的节能改造和优化提供有力的支持。

(二)建筑规划节能设计的创新方向

1.新材料与新技术的研发与应用

新材料与新技术的研发与应用是建筑规划节能设计的创新关键。随着科技的进步和人们对环保要求的提高,越来越多的新材料和新技术被应用到建筑节能设计中。例如,高性能的保温隔热材料、自洁型的外墙涂料、智能型的玻璃幕墙等。这些新材料和新技术不仅具有更高的能效和环保性能,还能通过创新的设计和应用方式,为建筑带来更加独特的美学效果和使用体验。

2.绿色生态建筑理念的融合

绿色生态建筑理念是建筑规划节能设计的另一个重要的创新方向。绿色生态建筑强调建筑与环境的和谐共生,注重生态平衡和可持续发展。在未来的建筑规划节能设计中,绿色生态建筑理念将得到更加广泛的融合和应用。例如,通过合理的绿化设计,将建筑与自然景观相结合,形成独特的生态建筑景观;通过雨水收集和利用系统,实现建筑水资源的循环利用;通过生态屋顶和立体绿化的设计,提高建筑的保温隔热性能和改善空气质量等。

3.跨领域协同创新的推进

跨领域协同创新的推进是建筑规划节能设计创新的重要保障。建筑规划节能设计涉及多个领域的知识和技术,如建筑学、材料科学、能源工程、信息技术等。未来的建筑规划节能设计将更加注重跨领域的协同创新,通过不同领域专家和机构的合作与交流,共同推动建筑节能技术的发展和应用。例如,通过建筑学与材料科学的结合,研发出更加高效、环保的建筑材料;通过能源工程与信息技术的结合,实现建筑能源系统的智能化控制和管理等。

(三)建筑规划节能设计的实践探索

在实际的建筑规划节能设计实践中,已经涌现出许多优秀的案例和创新成果。例如,丹麦的哥本哈根8 House项目通过被动式节能设计、高效能源系统的集成应用以及智能化节能管理的推广,实现了建筑能耗的大幅降低和居住舒适度的提升。中国的绿色建筑示范项目也通过采用高性能的保温隔热材料、太阳能光伏系统以及智能化节能管理系统等手段，取得了显著的节能效果。这些实践探索不仅为未来的建筑规划节能设计提供了宝贵的经验，也为推动建筑行业的绿色转型和可持续发展做出了重要贡献。

第四节　建筑规划阶段的节能设计

一、建筑朝向与节能设计的关系分析

（一）建筑朝向对太阳辐射的影响

太阳辐射是建筑节能设计中需要考虑的关键因素之一。不同朝向的建筑表面接收到的太阳辐射量存在显著差异，进而影响建筑的能耗。

1. 冬季太阳辐射的利用

在冬季，太阳高度角较低，南向建筑能够接收到更多的太阳辐射。这些辐射热量可以通过窗户直接进入室内，提高室内温度，减少取暖能耗。相比之下，东西向的建筑在冬季接收到的太阳辐射量较少，且由于太阳方位角的变化，早晚时分的阳光直射会导致室内温度波动较大，不利于节能。

2. 夏季太阳辐射的防护

在夏季，太阳高度角较高，东西向的建筑会面临强烈的阳光直射，导致室内温度迅速升高，增加空调能耗。而南向建筑由于太阳高度角的变化，中午时分阳光直射较少，且可以通过遮阳措施进一步减少太阳辐射的进入。北向建筑则几乎不受太阳辐射的影响，夏季室内温度相对稳定。

（二）建筑朝向对通风的影响

通风是建筑节能设计中另一个重要的考虑因素。良好的通风能够改善室内空气质量，减少机械通风的需求，从而降低能耗。

1. 自然通风的利用

南北通透的建筑布局能够形成良好的空气对流，提高自然通风效果。南向的窗户可以引入新鲜空气，北向的窗户则有助于排出室内污浊空气。这种设计不仅提高了居住的舒适度，还能减少空调的使用频率，降低能耗。

2.风向与建筑朝向的关系

建筑朝向的选择还应考虑当地的主导风向。在冬季,建筑朝向应避免与主导风向垂直,以减少冷风的侵入;在夏季,则可以利用主导风向促进自然通风。例如,在中国北方地区,冬季主导风向多为北风,建筑朝向应避免正北,以减少冷风的渗透;夏季主导风向多为南风,建筑朝向则可以适当偏南,以利用自然风进行降温。

（三）建筑朝向对室内光环境的影响

室内光环境是影响居住舒适度的重要因素之一。合理的建筑朝向设计能够充分利用自然光,减少人工照明的需求,从而降低能耗。

1.自然采光的利用

南向建筑能够接收到更多的自然光,提高室内的亮度。这不仅改善了居住舒适度,还能减少白天对人工照明的依赖。东西向的建筑在早晚时分会受到较强的阳光直射,导致室内光线过强或不足,不利于节能。

2.遮阳措施的应用

在夏季,为了避免过强的阳光直射导致室内温度过高,可以在南向窗户上设置遮阳措施,如遮阳板、百叶窗等。这些措施能够有效地减少太阳辐射的进入,降低室内温度,减少空调能耗。

（四）建筑朝向与节能设计的实际应用

在实际的建筑设计中,朝向的选择是一个综合考虑多方面因素的决策过程。除了太阳辐射、通风和室内光环境外,还需要考虑地形、用地条件、周边环境等多种因素。

1.地形与朝向的关系

地形对建筑朝向的选择具有重要影响。例如,在坡地地区,建筑朝向应顺应地形,避免过多的土方开挖和回填,同时利用地形的高差形成良好的通风和采光条件。

2.用地条件与朝向的关系

用地条件也是影响建筑朝向选择的重要因素之一。例如,在城市中心区域,用地紧张,建筑朝向的选择可能受到较大限制;而在郊区或乡村地区,用地相对宽裕,建筑朝向的选择则更加灵活。

3.周边环境与朝向的关系

周边环境对建筑朝向的选择同样具有重要影响。例如，在高层建筑密集的区域，建筑朝向应避免与周边建筑形成视线遮挡，同时利用周边建筑形成的微气候，改善室内通风和采光条件。

（五）建筑朝向与节能设计的科学原理

建筑朝向与节能设计的关系背后蕴含着丰富的科学原理。这些原理主要包括热学原理、光学原理和空气动力学原理等。

1.热力学原理

热力学原理是解释建筑朝向对太阳辐射和室内温度影响的基础。不同朝向的建筑表面接收到的太阳辐射量不同，从而影响建筑的能耗。同时，建筑朝向还影响室内的热交换过程，如通过窗户的传热、通风等。

2.光学原理

光学原理是解释建筑朝向对室内光环境影响的基础。不同朝向的建筑表面接收到的自然光量不同，进而影响室内的亮度。同时，建筑朝向还影响室内的光线分布和眩光控制等。

3.空气动力学原理

空气动力学原理是解释建筑朝向对通风影响的基础。不同朝向的建筑表面受到的风压和风向不同，进而影响室内的通风效果。同时，建筑朝向还影响室内的气流分布和空气交换率等。

二、建筑体型系数与节能设计的优化策略

（一）建筑体型系数对节能的影响机制

建筑体型系数是影响建筑物能耗的重要因素之一。从热力学角度来看，体型系数越大，建筑外表面积与体积的比值就越大，这意味着单位体积的建筑需要维护的外表面面积更多，从而导致更多的热量传递。在冬季，较大的体型系数会增加建筑的散热量，需要更多的供暖能耗来维持室内温度；在夏季，较大的体型系数则会使建筑更容易吸收太阳辐射热，增加空调的能耗。

（二）优化建筑体型系数的策略

1.简化建筑体型

复杂的建筑体型往往意味着更大的外表面积，从而增加了体型系数。因

此，在节能设计中，应优先考虑简洁、规整的建筑体型，如长条形、方形等。这些体型不仅外表面积小，而且有利于形成稳定的室内气流，提高居住舒适度。

2. 合理控制建筑面宽与进深

在保持建筑总体积不变的情况下，通过合理调整建筑的面宽与进深比例，可以有效地减小体型系数。一般来说，增加建筑的进深可以减小其外表面积，从而降低体型系数。但需要注意的是，进深过大可能会影响室内的采光和通风效果，因此需要在节能与居住舒适度之间找到平衡点。

3. 增加建筑层数

在相同占地面积的情况下，增加建筑层数可以减小其外表面积与体积的比值，从而降低体型系数。此外，高层建筑还能更好地利用风压进行自然通风，进一步提高节能效果。然而，高层建筑也需要考虑结构安全、消防疏散等问题，因此需要在设计中综合考量。

4. 利用建筑构件减少外表面面积

通过优化建筑构件的设计，如采用凸窗、阳台等，可以在不增加建筑体积的情况下减小其外表面积。这些构件不仅具有实用功能，还能起到美化建筑外观的作用。此外，还可以考虑在建筑的外表面设置遮阳构件，如遮阳板、百叶窗等，以减少太阳辐射热的吸收，进一步降低建筑的能耗。

(三)建筑体型系数优化的实际应用

1. 住宅建筑设计

在住宅建筑设计中，为了降低能耗，设计师们往往采用简洁的长条形或方形体型，同时合理控制建筑的面宽与进深比例。例如，在一些寒冷地区，住宅建筑通常采用南北朝向，面宽较小而进深较大，以减少冬季的散热量。此外，还通过在建筑外表面设置遮阳构件和绿化植被等方式，进一步降低建筑的能耗。

2. 公共建筑设计

在公共建筑设计中，体型系数的优化策略同样得到了广泛的应用。例如，在一些大型商业中心的设计中，为了减少能耗和提高空间利用率，设计师们通常采用高层建筑形式，并结合裙楼和塔楼的设计手法。这种设计不仅减小了建筑的体型系数，还形成了丰富的空间层次和独特的建筑外观。

3.绿色建筑示范项目

随着绿色建筑理念的普及,越来越多的建筑项目开始注重体型系数的优化。例如,在一些绿色建筑示范项目中,设计师们通过采用先进的建筑技术和材料,如高性能的保温隔热材料、智能化的遮阳系统等,进一步降低了建筑的体型系数和能耗水平。这些项目不仅实现了节能减排的目标,还为其他建筑项目提供了有益的借鉴。

(四)建筑体型系数优化的影响因素

1.气候条件

气候条件是影响建筑体型系数优化的重要因素之一。在不同的气候条件下,建筑的能耗特点和节能需求也不同。例如,在寒冷地区,建筑需要更多的供暖能耗来维持室内温度;而在炎热地区,建筑则需要更多的空调能耗来降低室内温度。因此,在优化建筑体型系数时,需要充分考虑当地的气候条件,并结合实际情况进行设计。

2.建筑功能

建筑功能也是影响建筑体型系数优化的重要因素之一。不同的建筑功能对节能的需求也不同。例如,商业建筑需要更多的采光和通风来提高购物体验,而住宅建筑则需要更多的保温隔热措施来降低能耗。因此,在优化建筑体型系数时,需要充分考虑建筑的功能特点,并结合实际情况进行设计。

3.建筑成本

建筑成本是影响建筑体型系数优化的另一个重要因素。虽然优化建筑体型系数可以降低建筑的能耗水平,但也可能增加建筑的成本投入。因此,在优化建筑体型系数时,需要充分考虑建筑成本的控制问题,并结合实际情况进行权衡和选择。

4.政策法规

政策法规也是影响建筑体型系数优化的重要因素之一。在一些地区,政府可能会出台相关的建筑节能政策和标准,对建筑体型系数等节能指标进行明确规定。因此,在优化建筑体型系数时,需要充分考虑当地政策法规的要求,并结合实际情况进行设计。

三、建筑空间布局与节能设计的协同考虑

（一）建筑空间布局对节能设计的重要性

建筑空间布局是建筑设计的基石，它决定了建筑内部空间的组织方式和功能划分。合理的空间布局能够充分利用自然光、自然风等自然资源，减少对人工照明和机械通风的依赖，从而降低建筑的能耗。同时，空间布局还与建筑的体型系数、围护结构面积等节能设计的关键参数密切相关，直接影响建筑的能耗水平。

（二）建筑空间布局的基本原则

1.功能性与节能性并重

建筑空间布局应充分考虑建筑的功能需求，确保各个空间区域的功能性和实用性。同时，还应注重节能性，通过合理的空间布局来降低建筑的能耗。例如，将主要功能区域布置在光照充足、通风良好的位置，以减少人工照明和机械通风的能耗。

2.紧凑性与灵活性兼顾

紧凑的布局能够减少建筑的外表面积，从而降低建筑的能耗。同时，空间布局还应具备一定的灵活性，以适应不同季节和气候条件的变化。例如，通过设置可移动的隔断或遮阳板等装置，可以根据需要调节空间的温度和光照。

3.自然资源的充分利用

建筑空间布局应充分考虑自然光、自然风等自然资源的利用。通过合理的窗户设计、天窗设置以及通风口布局等手段，可以充分利用自然光来照明，利用自然风来通风，从而减少人工照明和机械通风的能耗。

（三）建筑空间布局与节能设计的协同策略

1.优化建筑体型与朝向

建筑体型和朝向是影响建筑能耗的重要因素。合理的体型和朝向能够充分利用自然光、自然风等自然资源，减少建筑的能耗。例如，采用长条形或方形体型，以及南北朝向的布局，可以充分利用自然光来照明，利用自然风来通风。同时，还可以通过设置遮阳构件、绿化植被等手段，来减少对太阳辐射热的吸收和降低建筑的能耗。

2. 合理划分空间区域

建筑空间区域的合理划分能够提升建筑的使用效率和舒适度，同时也有助于节能。例如，将主要功能区域布置在光照充足、通风良好的位置，而将辅助功能区域布置在光照不足或通风不畅的位置。此外，还可以通过设置缓冲区或温度阻尼区等手段来减少冷热空气的交换和降低建筑的能耗。

3. 采用高效的围护结构

围护结构是建筑节能设计的关键部分。合理的围护结构设计能够有效地阻隔外部温度对建筑内部的影响，减少建筑的能耗。例如，采用高性能的保温隔热材料、双层或三层玻璃窗等手段，可以提高围护结构的保温隔热性能，降低建筑的能耗。同时，还可以通过设置遮阳构件、绿化植被等手段，来减少太阳辐射热的吸收和降低建筑的能耗。

4. 自然通风与采光设计

自然通风与采光设计是建筑节能设计的重要手段之一。通过合理的窗户设计、天窗设置以及通风口布局等手段，可以充分利用自然光来照明，利用自然风来通风，从而减少人工照明和机械通风的能耗。例如，采用可开启的窗户和天窗设计，以及设置通风口和导风板等手段，可以实现自然通风与采光的有效结合，降低建筑的能耗。

5. 智能化系统的应用

随着智能化技术的不断发展，智能化系统在建筑节能设计中的应用越来越广泛。通过智能化系统的控制和管理，可以实现对建筑内部环境的精确调节和优化，降低建筑的能耗。例如，采用智能照明系统、智能温控系统等手段，可以根据需要自动调节照明和温度，实现节能减排的目标。

（四）建筑空间布局与节能设计的协同考虑实例

在建筑设计的实践中，有许多成功的案例体现了建筑空间布局与节能设计的协同考虑。例如，某些绿色建筑项目通过合理的体型和朝向设计、紧凑的空间布局以及高效的围护结构设计等手段，实现了自然光、自然风等自然资源的充分利用和能耗的显著降低。同时，这些项目还采用了智能化系统的控制和管理手段，实现了对建筑内部环境的精确调节和优化。这些成功案例为其他建筑项目提供了有益的借鉴和参考。

四、建筑规划阶段节能设计的实施要点与注意事项

(一)实施要点

1. 选址与朝向优化

(1)选址考量

建筑选址应充分考虑当地的气候条件、地形地貌、自然资源等因素。在寒冷地区,应选择避风向阳的地点,以最大化地利用太阳能;在炎热地区,则应选择通风良好、阴凉的地方,以减少太阳辐射热的影响。同时,应避免在污染源附近选址,以减少建筑运营过程中的环境负荷。

(2)朝向优化

建筑朝向对采光、通风和能耗有着直接的影响。在规划阶段,应根据当地的日照角度、风向等自然条件,合理确定建筑的朝向。一般来说,南北朝向的建筑能够更好地利用自然光和自然风,从而降低能耗。此外,还可以通过设置遮阳构件、调整窗户位置等手段,进一步优化建筑的朝向设计。

2. 体型与空间布局

(1)体型设计

建筑体型对其能耗有着显著的影响。一般来说,体型系数(即建筑外表面积与体积之比)越小,建筑的能耗越低。因此,在规划阶段,应尽可能采用紧凑、规则的体型设计,减少不必要的表面积。同时,还可以通过设置挑檐、阳台等构件,进一步降低体型系数,提高建筑的节能性能。

(2)空间布局

合理的空间布局能够提高建筑的使用效率和舒适度,同时也有助于节能。在规划阶段,应根据建筑的功能需求和使用习惯,合理划分空间区域。例如,将主要功能区域布置在光照充足、通风良好的位置,而将辅助功能区域布置在光照不足或通风不畅的位置。此外,还可以通过设置缓冲区、温度阻尼区等手段,减少冷热空气的交换和能耗。

3. 围护结构节能设计

(1)外墙设计

外墙是建筑能耗的主要部分之一。在规划阶段,应选用高性能的保温隔热材料,并合理确定墙体的厚度和构造方式。同时,还可以通过设置遮阳构

件、绿化植被等手段，减少太阳辐射热的吸收和传递。

(2)屋顶设计

屋顶也是建筑能耗的重要部分。在规划阶段，应充分考虑屋顶的保温隔热性能和防水性能。可以采用倒置式屋面、种植屋面等设计方式，提高屋顶的节能性能。同时，还可以通过设置通风口、导风板等手段，优化屋顶的通风效果。

(3)门窗设计

门窗是建筑能耗的薄弱环节之一。在规划阶段，应合理确定门窗的位置、数量和尺寸，并选用高性能的门窗材料。可以采用双层或三层中空玻璃窗、低辐射玻璃等材料，提高门窗的保温隔热性能。同时，还可以通过设置遮阳构件、调整门窗开启方式等手段，进一步优化门窗的节能性能。

4.可再生能源利用

(1)太阳能利用

太阳能是一种清洁、可再生的能源。在规划阶段，应充分考虑太阳能的利用潜力。可以通过安装太阳能光伏板、太阳能热水器等设施，将太阳能转化为电能或热能，为建筑提供能源支持。

(2)风能利用

风能也是一种清洁、可再生的能源。在规划阶段，应充分考虑风能的利用潜力。可以通过设置风力发电设施等手段，将风能转化为电能，为建筑提供能源支持。

(二)注意事项

1.综合考虑多种因素

在建筑规划阶段，节能设计不应孤立进行，而应综合考虑多种因素。例如，在选址时不仅要考虑气候条件，还要考虑地形地貌、自然资源等因素；在体型设计时不仅要考虑节能性能，还要考虑美观性、实用性等因素。因此，在规划阶段应进行全面的分析和评估，确保节能设计的合理性和可行性。

2.注重长期效益

节能设计应注重长期效益而非短期利益。在规划阶段，应充分考虑建筑的全生命周期成本和环境影响。虽然某些节能措施可能会增加初期投资成本，但从长期来看，能够显著降低建筑的运营成本和能耗。因此，在规划阶段应进行全面的经济和环境评估，确保节能设计的可持续性和可行性。

3.加强协同合作

节能设计需要多专业的协同合作。在规划阶段，应加强与结构、给排水、电气等专业设计师的沟通与协作，确保节能设计与其他专业设计的协调一致。同时，还应加强与政府、业主、施工单位等相关方的沟通与协作，确保节能设计的顺利实施、运营和维护。

4.关注新技术发展

随着科技的不断发展，新的节能技术和产品不断涌现。在规划阶段，应密切关注新技术的发展动态，并积极探索其在建筑节能设计中的应用潜力。例如，可以利用智能控制系统实现建筑的智能化管理，可以利用新型建筑材料提高建筑的保温隔热性能等。通过关注新技术的发展，可以不断提升建筑节能设计的水平和效果。

5.注重人性化设计

节能设计应注重人性化设计，而非单纯的技术堆砌。在规划阶段，应充分考虑建筑使用者的需求和感受，确保节能设计既能满足节能要求，又能提升建筑的使用舒适度。例如，可以通过设置合理的采光、通风和遮阳设施等手段，提高建筑的室内环境质量；可以通过设置节能标识和提示等手段，引导使用者合理使用能源等。

第五节 建筑节能方法的综合运用

一、多种建筑节能方法的组合应用原则

（一）整体性原则

整体性原则是多种建筑节能方法组合应用的基础。建筑节能是一个系统工程，涉及建筑规划、设计、施工、运营等多个阶段，以及建筑材料、构造、设备、

管理等多个方面。因此，在组合应用多种建筑节能方法时，必须树立整体观念，将节能设计贯穿建筑的全生命周期。这要求设计师在项目初期就充分考虑各种节能技术的可行性和协同性，确保各种节能措施能够在建筑的不同阶段和方面得到有效实施。

具体来说，整体性原则要求设计师在规划阶段就明确节能目标，制定节能策略，并在设计、施工、运营等阶段持续跟进和优化。例如，在规划阶段确定建筑的朝向、体型和布局，以充分利用自然光和自然风；在设计阶段选用高性能的保温隔热材料、节能门窗和设备；在施工阶段确保施工质量，避免能源浪费；在运营阶段加强能源管理，提高能源利用效率。

（二）互补性原则

互补性原则是多种建筑节能方法组合应用的关键。不同的节能方法各有优缺点，单一方法的应用往往难以达到理想的节能效果。因此，在组合应用多种建筑节能方法时，应充分考虑各种方法的互补性，通过优化组合实现节能效果的最大化。

例如，在围护结构节能方面，可以组合应用外墙保温隔热技术、节能门窗技术和遮阳技术。外墙保温隔热技术可以减少墙体传热损失，节能门窗技术可以降低空气渗透和热量传递，遮阳技术则可以减少太阳辐射热的吸收。这些技术的组合应用可以显著提高围护结构的保温隔热性能，从而降低建筑能耗。

在能源利用方面，可以组合应用太阳能、地热能等可再生能源技术。太阳能技术可以为建筑提供热水和电力，地热能技术则可以为建筑提供供暖和制冷。这些技术的组合应用可以实现对可再生能源的有效利用，减少对化石能源的依赖。

（三）经济性原则

经济性原则是多种建筑节能方法组合应用的重要考量。建筑节能虽然重要，但也不能忽视经济效益。在组合应用多种建筑节能方法时，应充分考虑各种方法的成本效益比，确保节能措施的实施在合理的经济范围内。

具体来说，经济性原则要求设计师在选择节能技术和产品时，要进行全面的经济评估。不仅要考虑初期投资成本，还要考虑运营成本和长期效益。例如，某些高性能的保温隔热材料虽然初期投资成本较高，但其优异的保温隔热性能可以降低建筑能耗，从而减少长期运营成本。因此，在经济评估时应综合考虑各种因素，选择性价比最高的节能技术和产品。

（四）适应性原则

适应性原则是多种建筑节能方法组合应用的实际需求。不同地区、不同类型的建筑具有不同的气候条件和功能需求，因此在组合应用多种建筑节能方法时，必须充分考虑各种方法的适应性。

具体来说，适应性原则要求设计师在组合应用节能方法时，要根据建筑所在地区的气候条件、建筑的功能需求和使用习惯等因素进行合理选择。例如，在寒冷地区应优先选用保温隔热性能好的外墙材料和门窗；在炎热地区则应注重遮阳和通风的设计。对于住宅建筑应注重居住舒适度和节能效果的平衡，对于公共建筑则应注重能效比和能源管理的优化。

（五）可持续性原则

可持续性原则是多种建筑节能方法组合应用的长远目标。建筑节能不仅要考虑当前的需求和效益，还要考虑未来的发展和影响。因此，在组合应用多种建筑节能方法时，必须树立可持续发展的观念，确保节能措施的实施能够符合可持续发展的要求。

具体来说，可持续发展原则要求设计师在选择节能技术和产品时，要考虑其生命周期内的环境影响和资源消耗。例如，某些节能技术和产品虽然初期投资成本较低，但其生命周期内的环境影响和资源消耗较大，不符合可持续发展的要求。因此，在选择节能技术和产品时，要进行全面的环境评估和资源消耗评估，选择符合可持续发展要求的节能技术和产品。

（六）协同性原则

协同性原则是多种建筑节能方法组合应用的重要保障。建筑节能是一个复杂的过程，需要多个专业领域的协同。因此，在组合应用多种建筑节能方法时，必须树立协同观念，确保各种节能措施能够在建筑的不同阶段和方面有效协同。

具体来说，协同性原则要求设计师在设计过程中加强与结构、给排水、电气等专业设计师的沟通与协作,确保节能设计与其他专业设计的协调一致。同时,还要加强与政府、业主、施工单位等相关方的沟通与协作,确保节能设计的顺利实施和运营维护。例如,在节能门窗的设计过程中,需要与结构设计师协同合作,确保门窗的安装不会影响建筑的结构安全和稳定性;在施工阶段,需要与施工单位协同合作,确保节能措施的实施符合设计要求和质量标准。

二、建筑节能技术在新建建筑中的应用实践

(一)设计理念的创新与融合

新建建筑在设计之初就将节能理念融入其中,这是实现建筑节能目标的首要步骤。设计师需要充分考虑建筑所在地区的气候条件、环境特点和功能需求,通过科学的规划和设计,使建筑在满足使用功能的同时,最大限度地降低能耗。

首先,建筑朝向和布局的优化是节能设计的关键。合理的朝向和布局可以充分利用自然光和自然风,减少人工照明和空调系统的使用。例如,在北方寒冷地区,建筑应尽可能朝南布置,以最大限度地接收太阳辐射热;而在南方炎热地区,建筑则应通过合理的遮阳和通风设计,减少太阳辐射热和室内热量的积累。

其次,建筑体型的优化也是节能设计的重要一环。紧凑、规则的体型可以减少建筑的外表面积,从而降低热量的散失。同时,通过合理的体型设计,还可以提高建筑的自遮阳性能,减少太阳辐射热对室内环境的影响。

(二)先进节能技术的应用

随着科技的进步,越来越多的先进节能技术被应用于新建建筑中。这些技术的应用不仅提高了建筑的节能效果,还提升了建筑的舒适性并延长了使用寿命。

1.外墙保温隔热技术

外墙保温隔热技术是新建建筑中应用最广泛的节能技术之一。通过在建筑外墙设置保温隔热层,可以有效地减少热量的散失和传递,从而降低建筑的能耗。目前,市场上常见的外墙保温隔热材料有聚苯板、挤塑板、岩棉、玻璃棉等。这些材料具有良好的保温隔热性能,且施工方便、成本较低。

2.高效节能门窗技术

门窗是建筑能耗的主要部分之一。高效节能门窗技术通过采用高性能的门窗材料和合理的构造设计,可以显著降低门窗的传热系数和空气渗透性,从而减少热量的散失和空调系统的使用频率。例如,断桥铝门窗、中空玻璃门窗等高效节能门窗产品已广泛应用于新建建筑中。

3.太阳能利用技术

太阳能是一种清洁、可再生的能源。新建建筑可以通过安装太阳能光伏板、太阳能热水器等设施,将太阳能转化为电能或热能,为建筑提供能源支持。这不仅减少了对传统能源的依赖,还降低了建筑的能耗和运营成本。

4.智能控制系统

智能控制系统是新建建筑节能设计的重要组成部分。通过集成建筑设备管理系统、照明控制系统、安防系统等,实现对建筑内各种设备的智能化控制和管理。这不仅可以提高建筑的舒适性和安全性,还可以降低能耗和运营成本。

(三)绿色建材的选择与应用

绿色建材的选择与应用是实现建筑节能目标的重要手段。绿色建材不仅具有良好的环保性能,还具有优异的节能效果和较长的使用寿命。

在新建建筑中,应优先选择符合环保标准的建材产品。例如,采用可再生、可回收的建筑材料,如竹材、木材、再生塑料等;选用低挥发性有机化合物(VOC)释放量的涂料、胶黏剂等室内装饰材料;使用节能、环保的建筑设备等。

同时,绿色建材的选择还应考虑其节能效果和使用寿命。例如,选用具有高效保温隔热性能的建筑材料,如岩棉、玻璃棉等;选用具有高效节能性能的建筑材料,如高效节能玻璃、高效节能门窗等;选用具有良好耐久性和较长的使用寿命的建筑材料,如高强度混凝土、高性能钢材等。

(四)施工管理的精细化与标准化

施工管理的精细化与标准化是实现建筑节能目标的重要保障。在施工过程中,应加强对施工质量的控制和监督,确保节能设计得到有效实施。

首先,应加强对施工人员的培训和管理。通过培训提高施工人员的节能意识和技能水平,确保他们能够熟练掌握和应用节能技术和产品。同时,还应建立严格的施工管理制度和流程,确保施工过程的规范化和标准化。

其次,应加强对施工过程的监督和检查。通过建立完善的施工监督和检查机制,可及时发现和解决施工过程中存在的问题和隐患。同时,还应加强对施工质量的检测和评估,确保节能设计达到预期效果。

最后,应加强对施工过程的环保管理。通过采取有效的环保措施和技术手段,减少对环境的污染和破坏。例如,在施工过程中采用低噪声、低振动的施工设备,采用环保型的施工材料和产品,加强对施工废弃物的处理和回收利用等。

(五)案例分析与启示

近年来,国内新建建筑中涌现出了一批节能效果显著的典型案例。这些案例不仅展示了建筑节能技术的先进性和实用性,还为其他新建建筑提供了有益的借鉴和启示。

例如,某新建办公楼项目通过采用外墙保温隔热技术、高效节能型门窗技术、太阳能利用技术和智能控制系统等节能技术,实现了建筑能耗的显著降低。同时,该项目还注重绿色建材的选择和应用,以及施工管理的精细化与标准化,确保了节能设计得到有效实施。该项目的成功实践为其他新建建筑提供了有益的借鉴和启示。

三、建筑节能改造项目的综合节能方法选择

(一)项目评估与需求分析

建筑节能改造项目的首要步骤是进行全面的项目评估与需求分析。这一步骤旨在明确项目的节能目标、改造范围、投资预算、时间进度等关键要素,为后续的技术选型和方案设计提供科学依据。

在项目评估阶段,需要对既有建筑进行全面的能耗审计,了解建筑的能耗现状和节能潜力。通过现场勘查、数据收集和分析,确定建筑的主要能耗环节和节能改造的重点方向。同时,还需要考虑建筑的使用功能、结构特点、环境条件等因素,确保改造方案与建筑的实际情况相适应。

在需求分析阶段,需要充分了解业主的需求和期望,明确改造项目的具体目标和要求。这包括提高能源利用效率、改善室内环境质量、延长建筑使用寿

命等多个方面。通过与业主的深入沟通,可以确保改造方案符合业主的实际需求和利益诉求。

(二)技术选型与方案设计

技术选型与方案设计是建筑节能改造项目的核心环节。在这一阶段,需要根据项目评估与需求分析的结果,选择合适的节能技术和方案,以实现最佳的节能效果。

在技术选型方面,应优先考虑成熟可靠、经济可行的节能技术。例如,外墙保温隔热技术、高效节能门窗技术、太阳能利用技术、智能控制系统等,都是当前建筑节能改造中常用的技术手段。同时,还需要考虑技术的适用性和协同性,确保各种技术之间能够相互补充、相互配合,形成综合节能效应。

在方案设计方面,应充分考虑建筑的实际情况和使用需求。通过科学的规划和设计,将各种节能技术有机融合到建筑中,实现节能改造的目标。例如,在外墙保温隔热设计中,可以采用复合墙体结构,结合保温隔热材料和构造措施,提高墙体的保温隔热性能;在高效节能型门窗的设计中,可以选用低辐射玻璃、断桥铝型材等高性能材料,降低门窗的传热系数和空气渗透量。

(三)系统集成与优化

建筑节能改造项目的成功实施,离不开各种节能技术的系统集成与优化。通过系统集成,可以将各种节能技术有机整合成一个整体,实现节能效果的最大化。

在系统集成方面,应注重技术之间的协同和配合。例如,在外墙保温隔热与高效节能门窗的综合应用中,应注重墙体与门窗之间的密封性和连接性,避免热量从缝隙中散失。同时,还需要考虑各种技术之间的兼容性和互操作性,确保改造后的建筑能够正常运行和维护。

在系统优化方面,应充分利用现代信息技术和智能控制技术,实现建筑的智能化管理。通过安装智能控制系统和传感器等设备,可以实时监测建筑的能耗情况和室内环境质量,根据实际需求自动调节设备的运行状态,提高能源利用效率和使用舒适度。

(四)施工管理与质量控制

施工管理与质量控制是建筑节能改造项目成功实施的重要保障。通过科学的施工管理和严格的质量控制，可以确保改造方案得到有效实施，达到预期的节能效果。

在施工管理方面，应制定详细的施工计划和进度安排，确保改造工程有序进行。同时，还需要加强施工人员的培训和管理，提高他们的节能意识和技能水平。通过定期的现场巡查和监督，可以及时发现和解决施工过程中存在的问题和隐患，确保改造工程的质量和进度。

在质量控制方面，应建立严格的质量检测和评估机制。通过对改造工程的各个环节进行严格的检测和评估，可以确保改造方案的有效性和可行性。同时，还需要加强对改造工程的后期维护和管理，延长建筑的使用寿命，提高节能效果。

四、建筑节能方法综合运用的经济效益分析

（一）节能投资与成本节约

建筑节能方法的综合运用往往需要一定的初期投资，包括高效节能设备的购置、新型节能材料的选用、智能控制系统的安装等。然而，这些投资在长期运行中能够带来显著的成本节约。

首先，节能设备的购置和安装虽然增加了初始投资，但其高效的节能特性使得建筑在运行过程中的能耗大幅降低。例如，高效节能空调系统的使用可以显著降低夏季制冷和冬季采暖的能耗，从而减少电费支出。据估算，采用高效节能空调系统的建筑，其能耗相比传统空调系统可降低20%~30%。

其次，新型节能材料的应用也能有效降低成本。例如，使用高效保温隔热材料可以显著降低建筑外墙和屋顶的传热系数，从而减少采暖和制冷的能耗。这些材料虽然初期投资较高，但其长期节能效果使得整体运行成本大幅降低。

最后，智能控制系统的安装可以实现建筑的智能化管理，根据实际需求自动调节设备的运行状态，避免能源浪费。这种精细化管理方式不仅提高了能源利用效率，还降低了人工操作成本和维护费用。

（二）运营效率与价值增值

建筑节能方法的综合运用还能显著提升建筑的运营效率，增加建筑的价值。

一方面，通过优化建筑设计、改进施工工艺、采用高效节能设备等措施，可

以提高建筑的整体性能，使其更加适应市场需求。例如，在办公建筑中采用自然采光和通风设计，不仅可以减少人工照明和空调系统的使用，还能提高员工的工作效率和舒适度，从而提升建筑的市场竞争力。

另一方面，建筑节能方法的综合运用还能为建筑带来增值。随着人们环保意识的提高，节能建筑在市场上的受欢迎程度越来越高。采用节能措施的建筑在市场上更容易获得更高的租金和售价，为业主和使用者带来可观的经济效益。

(三)政策激励与市场机制

政府为了推动建筑节能的发展，出台了一系列激励政策，如税收优惠、补贴奖励、贷款优惠等。这些政策为建筑节能技术的综合运用提供了有力支持，降低了节能改造的成本和风险。

例如，一些地方政府对采用高效节能技术的建筑项目给予税收减免和补贴奖励，鼓励开发商和业主积极参与节能改造。此外，政府还通过制定严格的建筑能耗标准和能效标识制度，引导市场向节能方向发展。

同时，市场机制也在推动建筑节能方法的综合运用。随着能源价格的上涨和环保意识的提高，节能建筑在市场上越来越受欢迎。开发商和业主为了提升建筑的市场竞争力，纷纷采用节能措施，提高建筑的能效水平。这种市场机制的推动使得建筑节能方法的应用范围越来越广，经济效益越来越显著。

(四)长期效益与社会贡献

建筑节能方法的综合运用不仅能带来短期经济效益，还能带来长期效益和社会贡献。

从长期效益来看，建筑节能方法的综合运用可以显著降低建筑的能耗和运行成本，为业主和使用者带来持续的经济收益。同时，随着技术的不断进步和成本的逐步降低，建筑节能方法的应用前景越来越广阔。

从社会贡献来看，建筑节能方法的综合运用有助于减少环境污染和温室气体排放，推动建筑行业的可持续发展。此外，建筑节能还能提高建筑的耐久性和使用寿命，减少建筑垃圾等废弃物的产生，对环境保护和资源节约具有重要意义。

（五）经济效益的综合考量

在对建筑节能方法综合运用的经济效益进行分析时，我们需要综合考虑多个方面。除了直接的节能降耗和成本节约外，还需要考虑节能措施对建筑性能的提升、市场价值的增值、政策激励的影响以及长期效益和社会贡献等方面。

通过全面深入的分析，我们可以发现建筑节能方法综合运用的经济效益是显著的。它不仅能带来短期的成本节约和效率提升，还能为建筑带来长期的价值增值和社会贡献。因此，在未来的建筑发展中，建筑节能方法的综合运用将成为推动建筑行业可持续发展的重要途径。

第六节 绿色建筑评价指标及能耗模拟方法

一、绿色建筑评价体系的构成与指标解读

（一）绿色建筑评价体系的构成

绿色建筑评价体系是一个多维度、多层次的评估框架，旨在全面、系统地评价建筑在资源节约、环境保护、健康舒适、生活便利等方面的性能。一般来说，绿色建筑评价体系由以下几个核心部分构成。

1. 评价指标

这是评价体系的基础，它涵盖了建筑在节能、节水、节材、节地、室内环境质量、施工管理、运营管理等多个方面的具体指标。这些指标既包括定量化的数据要求，也包括定性的评价标准。

2. 评价方法

这是评价体系的实施手段，它规定了如何对各项指标进行评价和打分。评价方法通常包括现场勘查、数据收集、专家评审等多个环节，以确保评价结果的客观性和准确性。

3. 评价等级

这是评价体系的输出结果，它根据建筑在各项指标上的得分情况，将建筑划分为不同的绿色等级。常见的绿色等级包括基本级、一星级、二星级和三星

级,其中三星级为最高等级。

4. 持续改进机制

这是评价体系的重要组成部分,它强调对建筑绿色性能的持续改进和提升。通过定期的评价和反馈,可以及时发现建筑在绿色性能方面存在的问题和不足,为后续的改进和提升提供指导。

(二)核心指标解读

绿色建筑评价体系的核心指标是评价建筑绿色性能的关键依据。

1. 节能与能源利用

这一指标主要关注建筑在能源使用方面的效率和可持续性。它要求建筑在设计、施工和运营过程中应尽可能采用节能技术和设备,提高能源利用效率,减少能源浪费。同时,还应积极利用可再生能源,如太阳能、风能等,以降低对化石能源的依赖。

2. 节水与水资源利用

这一指标主要关注建筑在水资源使用方面的效率和可持续性。它要求建筑在设计、施工和运营过程中,应尽可能采用节水技术和设备,提高水资源利用效率,减少水资源浪费。同时,还应积极利用雨水、废水等非传统水源,实现水资源的循环利用。

3. 节材与材料资源利用

这一指标主要关注建筑物在材料使用方面的效率和可持续性。它要求建筑在设计、施工和运营过程中,应尽可能采用可再生、可回收、可降解等环保材料,减少材料消耗和废弃物产生。同时,还应积极推广使用商品混凝土、预拌砂浆等工业化建筑材料,提高材料利用效率。

4. 节地与施工用地保护

这一指标主要关注建筑在土地使用方面的效率和可持续性。它要求建筑在设计、施工和运营过程中,应尽可能采用集约化、立体化的土地利用方式,以提高土地利用效率。同时,还应积极保护施工用地周边的生态环境,减少对土地资源的破坏和浪费。

5. 室内环境质量

这一指标主要关注建筑在提供健康、舒适的室内环境方面的性能。它要求建筑在设计、施工和运营过程中，应尽可能采用环保、健康的建筑材料和装修材料，减少室内空气污染和有害物质的排放。同时，还应积极改善室内采光、通风、温湿度等环境条件，提高居住者的舒适度和健康水平。

（三）评价体系的应用与意义

绿色建筑评价体系的应用对于推动绿色建筑的发展具有重要意义。首先，它可以为建筑设计师、施工单位和运营管理者提供明确的指导和规范，帮助他们更好地理解和实践绿色建筑理念。其次，它可以为政府和相关部门提供科学的决策依据，帮助他们更好地制定和推广绿色建筑政策和标准。最后，它还可以为公众提供清晰的认知框架，帮助他们更好地了解和评价建筑的绿色性能。

此外，绿色建筑评价体系的应用还有助于促进建筑行业的可持续发展。通过推广和应用绿色建筑评价体系，可以引导建筑行业向更加环保、节能、高效的方向发展，降低建筑行业的碳排放和资源消耗。同时，还可以提高建筑行业的创新能力和竞争力，推动建筑行业向更高水平迈进。

二、能耗模拟方法在绿色建筑评价中的应用

（一）能耗模拟方法的基本原理

能耗模拟方法是一种通过计算机模拟技术，预测建筑在特定条件下的能耗情况的方法。它基于建筑物理和热力学原理，通过模拟建筑内部和外部环境之间的热量交换过程，包括热传导、热对流、热辐射和空气渗透等，来预测建筑的能耗。能耗模拟软件通常包含一个数据库，其中包含各种建筑材料和设备的热性能参数，以及气象数据，这些数据为模拟提供了基础条件。

能耗模拟方法可以分为静态模拟和动态模拟两种。静态模拟主要关注建筑在特定工况下的能耗情况，而动态模拟则能够模拟建筑在不同时间、不同气候条件下的能耗变化，因此更加接近实际运行情况。在绿色建筑评价中，动态能耗模拟方法更为常用。

（二）能耗模拟方法在绿色建筑评价中的应用流程

1.建筑模型创建

需要利用CAD软件或建筑信息模型（BIM）软件创建建筑的三维模型，包括

建筑的结构、材料、门窗、设备等信息。这个模型是后续能耗模拟的基础。

2. 参数设定

在建筑模型创建完成后，需要设定各个系统的参数，如供暖系统的温度设定、通风系统的风速设定、照明系统的照度设定等。这些参数将用于能耗模拟中的能源计算。

3. 选择能耗模拟软件

根据具体需求选择合适的能耗模拟软件，如EnergyPlus、DesignBuilder等。这些软件能够提供精准的能耗预测和分析功能。

4. 进行能耗模拟

将建筑模型和参数输入到能耗模拟软件中，进行能耗模拟计算。模拟结果将展示建筑在不同条件下的能耗情况。

5. 结果分析与优化

对模拟结果进行分析，评估建筑的节能性能。如果发现能耗过高或存在节能潜力，可以对设计方案进行优化，如调整建筑布局、更换高效节能设备、改进围护结构等。

6. 出具评价报告

根据模拟结果和优化建议，出具绿色建筑评价报告。这份报告将为建筑设计师、施工单位、运营管理者等提供重要的决策依据。

(三)能耗模拟方法在绿色建筑评价中的核心作用

1. 预测建筑能耗

能耗模拟方法能够准确预测建筑在不同条件下的能耗情况，为建筑设计师提供重要的数据支持。通过模拟，可以了解建筑在不同季节、不同气候条件下的能耗变化，从而制定更加合理的节能措施。

2. 评估设计方案

在绿色建筑设计中，能耗模拟方法可以帮助设计师评估不同设计方案的节能性能。通过对比不同方案的能耗模拟结果，可以选择最优方案，减少建筑能耗和碳排放。

3. 优化系统配置

能耗模拟方法还可以对建筑的供暖、通风、照明等系统进行分析和优化。通过模拟不同系统配置下的能耗情况，可以找到最佳的系统运行策略，从而提高系统的能效和舒适度。

4.提高能效标准

能耗模拟方法的应用可以推动绿色建筑能效标准的提高。通过模拟分析,可以了解当前建筑的能耗水平和节能潜力,为制定更加严格的能效标准提供科学依据。

(四)能耗模拟方法在绿色建筑评价中的实践案例

在实际应用中,能耗模拟方法已经广泛应用于各类绿色建筑项目中。例如,在某商业建筑项目中,设计师利用能耗模拟的方法对建筑的空调系统进行了优化。通过模拟不同空调系统配置下的能耗情况,选择了最优的空调系统方案。实施后,该建筑的空调系统能耗降低了约20%,显著提高了建筑的能效水平。

又如,在某住宅建筑项目中,设计师利用能耗模拟方法对建筑的外墙保温系统进行了优化。通过模拟不同保温材料、不同保温层厚度下的能耗情况,选择了最优的保温系统方案。实施后,该住宅建筑的保温性能得到了显著提升,冬季供暖能耗降低了约15%。

这些实践案例充分证明了能耗模拟方法在绿色建筑评价中的重要作用。通过模拟分析,可以更加准确地了解建筑的能耗情况和节能潜力,为制定更加合理的节能措施提供科学依据。

三、能耗模拟软件的选择与使用技巧分享

(一)能耗模拟软件的选择依据

选择一款合适的能耗模拟软件,需要从多个维度进行考量,包括软件的功能性、易用性、准确性、兼容性以及成本效益等。

1.功能性

软件应具备全面的能耗模拟功能,能够覆盖建筑的供暖、通风、空调、照明、插座等多个能耗领域。同时,还应支持动态模拟,能够模拟建筑在不同时间、不同气候条件下的能耗变化。

2.易用性

软件的界面应直观友好,操作流程应简洁明了,便于用户快速上手。此外,软件还应提供详细的用户手册、案例教程和在线帮助,以便用户在使用过程中遇到问题时能够迅速找到解决方案。

3.准确性

软件的模拟结果应具有较高的准确性，能够真实地反映建筑的能耗情况。这要求软件具备先进的算法和丰富的数据库，能够准确计算建筑内部和外部环境之间的能量交换过程。

4.兼容性

软件应具有良好的兼容性，能够与其他设计软件（如CAD、BIM等）无缝对接，实现数据的共享和交换。这将有助于减少重复建模的工作，提高工作效率。

5.成本效益

软件的价格应合理，与其功能和服务相匹配。同时，软件还应提供灵活的授权方式，以满足不同用户的需求。

（二）常用能耗模拟软件的特点

市场上存在多种能耗模拟软件，每款软件都有其独特的特点和适用场景。以下是几款常用软件的简要介绍。

1.EnergyPlus

（1）特点

EnergyPlus是一款由美国能源部支持开发的开源建筑能耗模拟软件，具备高度的灵活性和可扩展性。它采用先进的算法和详细的建筑模型，能够精确计算建筑的能耗情况。

（2）适用场景

适用于需要高精度能耗模拟和复杂系统分析的绿色建筑项目。

2.DesignBuilder

（1）特点

DesignBuilder是一款以EnergyPlus为核心开发的能耗模拟软件，具有直观的用户界面和强大的建模功能。它支持多种文件格式，能够轻松导入和导出建筑模型。

（2）适用场景

适用于需要快速建模和直观展示能耗模拟结果的项目。

3.Ecotect

（1）特点

Ecotect是一款由Autodesk公司开发的建筑性能分析软件，具备全面的建筑环境模拟功能，包括能耗模拟、光环境模拟、风环境模拟等。

(2)适用场景

适用于需要全面评估建筑性能的项目，特别是那些注重建筑外观和内部环境的项目。

4.DeST

(1)特点

DeST是一款基于AutoCAD平台的建筑能耗模拟软件，具有中文操作界面和友好的用户界面。它采用分段模拟方法，能够准确计算建筑的能耗情况。

(2)适用场景

适用于需要快速建模和中文操作界面的项目，特别是那些在中国市场进行绿色建筑评估的项目。

(三)能耗模拟软件的使用技巧

在使用能耗模拟软件时，掌握一些实用的技巧将有助于提高工作效率和模拟结果的准确性。

1.准确输入建筑参数

在建模过程中，应确保所有建筑参数的准确性，包括建筑的结构、材料、门窗、设备等。这将有助于减少模拟结果的误差。

2.合理设置模拟参数

在进行能耗模拟时，应根据项目的实际需求合理设置模拟参数，如模拟时间、气候条件、系统配置等。这将有助于获得更加贴近实际的模拟结果。

3.利用软件的辅助功能

大多数能耗模拟软件都提供了丰富的辅助功能，如自动检查模型错误、优化系统配置等。这些功能有助于提高工作效率和模拟结果的准确性。

4.结合实际情况进行分析

在解读模拟结果时，应结合项目的实际情况进行分析。模拟结果只是一种参考，不能完全替代实际测试数据。因此，在做出决策时，应综合考虑模拟结果和实际情况。

5.持续学习和实践

能耗模拟软件的功能和算法不断更新和发展，因此，用户应持续学习和实践，掌握最新的软件技术和应用方法。这将有助于提高工作效率和模拟结果的准确性。

6. 与其他工具结合使用

能耗模拟软件可以与其他工具（如BIM软件、CAD软件等）结合使用，实现数据的共享和交换。这将有助于减少重复建模，提高工作效率。

（四）能耗模拟软件在绿色建筑项目中的应用案例

在某绿色建筑项目中，设计团队选择了EnergyPlus作为能耗模拟软件。他们首先利用CAD软件创建了建筑的三维模型，并将其导入到EnergyPlus中进行能耗模拟。在模拟过程中，他们根据项目的实际需求合理设置了模拟参数，如模拟时间、气候条件、系统配置等。通过模拟分析，他们发现了原设计方案中存在的一些节能潜力，并对设计方案进行了优化。最终，他们成功地将建筑的能耗降低了约20%，实现了高效节能和环保的目标。

这个案例充分展示了能耗模拟软件在绿色建筑项目中的应用价值。通过模拟分析，设计团队能够更加准确地了解建筑的能耗情况，并制定出更加合理的节能措施。这不仅有助于降低建筑的能耗和碳排放，还有助于提高建筑的舒适度和使用效果。

四、绿色建筑评价指标与能耗模拟方法的未来发展趋势

（一）绿色建筑评价指标的未来发展趋势

绿色建筑评价指标是衡量建筑绿色性能的重要标尺，其发展趋势将直接影响绿色建筑的设计和建造。未来，绿色建筑评价指标将呈现出以下几个发展趋势。

1. 综合性与全面性

随着人们对绿色建筑认识的深入，绿色建筑的评价指标将更加注重综合性和全面性。未来的评价指标将不仅关注建筑的能耗、碳排放等环境性能指标，还将涵盖建筑的经济性、舒适性、健康性、安全性等多个方面，以形成更加全面、科学的评价体系。

2. 动态性与适应性

绿色建筑评价指标将更加注重动态性和适应性。未来的评价指标将能够根据不同的气候条件、地理环境和建筑类型进行灵活调整，以适应不同地区和

不同类型的绿色建筑需求。同时,评价指标还将能够随着建筑技术的进步和市场需求的变化不断更新和完善。

3.智能化与数字化

随着智能化和数字化技术的快速发展,绿色建筑评价指标将更加注重智能化和数字化。未来的评价指标将能够利用大数据、云计算、人工智能等先进技术,对建筑的能耗、碳排放等环境性能进行实时监测和数据分析,以提供更加精准、高效的评估结果。

4.国际化与标准化

随着全球绿色建筑市场的不断扩大,绿色建筑评价指标将更加注重国际化与标准化。未来的评价指标将能够与国际先进标准接轨,实现全球范围内的互认和通用。这将有助于推动绿色建筑事业的国际化发展,促进全球绿色建筑的交流与合作。

(二)能耗模拟方法的未来发展趋势

能耗模拟方法是评估建筑能耗、优化设计方案的重要工具,其发展趋势将直接影响绿色建筑的设计和建造。未来,能耗模拟方法将呈现出以下几个发展趋势。

1.高精度与高效率

随着计算机技术的不断进步,能耗模拟方法将更加注重高精度与高效率。未来的能耗模拟软件将采用更加先进的算法和模型,能够更准确地计算建筑的能耗情况。同时,软件将具备更快的计算速度和更强的处理能力,以满足大规模建筑项目的能耗模拟需求。

2.多领域融合

能耗模拟方法将更加注重多领域融合。未来的能耗模拟软件将不再局限于建筑能耗的模拟计算,还将涵盖建筑的光环境、风环境、声环境等多个方面,以形成更加全面、科学的模拟体系。这将有助于更准确地评估建筑的整体性能,为绿色建筑的设计和优化提供更加全面的支持。

3.智能化与自动化

随着智能化和自动化技术的快速发展,能耗模拟方法将更加注重智能化和自动化。未来的能耗模拟软件将能够自动获取建筑模型和相关数据,自动进行能耗模拟计算，并自动生成评估报告。这将大大提高能耗模拟的效率和准确性，降低人工干预的成本和风险。

4.用户友好性与易用性

能耗模拟方法将更加注重用户友好性与易用性。未来的能耗模拟软件将采用更加直观、简洁的用户界面，提供丰富的教程和在线帮助，以降低用户的学习成本和使用难度。这将有助于推广能耗模拟方法的应用，提高其在绿色建筑领域的影响力和普及率。

5.与绿色建筑评价指标的深度融合

能耗模拟方法将与绿色建筑评价指标深度融合。未来的能耗模拟软件将能够直接与绿色建筑评价指标对接，实现数据共享和交换。这将有助于将能耗模拟结果直接应用于绿色建筑的评价和认证过程中，提高评价结果的准确性和可信度。

（三）绿色建筑评价指标与能耗模拟方法的协同发展

绿色建筑评价指标与能耗模拟方法的未来发展趋势是相互关联、相互促进的。一方面，绿色建筑评价指标的不断完善和发展将推动能耗模拟方法的进步和创新；另一方面，能耗模拟方法的改进和完善也将为绿色建筑评价指标的制定和实施提供更加科学、准确的依据。

未来，绿色建筑的评价指标与能耗模拟方法将更加注重协同发展和相互融合。通过加强两者之间的合作与交流，可以形成更加完善、科学的绿色建筑评价体系，为绿色建筑的设计、建造和运营提供更加全面、精准的支持。

（四）未来发展趋势对绿色建筑事业的影响

绿色建筑评价指标与能耗模拟方法的未来发展趋势将对绿色建筑事业产生深远影响。一方面，这将推动绿色建筑技术的不断进步和创新，提高绿色建筑的性能和质量；另一方面，这将促进绿色建筑市场的不断扩大和成熟，为绿色建筑事业的持续发展提供更加广阔的空间和机遇。

同时，未来发展趋势还将对绿色建筑从业者提出更高的要求和挑战。从业者需要不断学习新知识、掌握新技能，以适应绿色建筑评价指标与能耗模拟方法的不断发展和变化。此外，政府、企业和学术界也需要加强合作与交流，共同推动绿色建筑事业的进步和发展。

第三章 公共建筑各系统的节能技术应用

第一节 建筑围护结构节能技术

一、建筑围护结构的节能原理与构造要求

（一）节能原理

公共建筑围护结构的节能原理主要基于热力学和建筑物理学理论，通过减少热量传递、提高保温隔热性能以及合理利用自然资源等手段，实现建筑的节能降耗。

1.减少热量传递

热量传递是建筑能耗的主要来源，包括传导、对流和辐射3种方式。围护结构通过选择合适的材料和结构形式，可以有效减少热量的传递。例如，采用导热系数低的材料作为保温层，可以显著降低热量的传导速率。同时，通过设置空气间层或采用多层结构，可以阻断热量的对流传递。此外，利用反射性强的材料或涂层，可以减少热量的辐射传递。在这些措施的共同作用下，可以大幅度减少建筑的热量损失，提高节能效果。

2.提高保温隔热性能

保温隔热性能是围护结构节能设计的核心。通过在外墙、屋面、门窗等部位设置保温层，采用高效的隔热材料和技术，可以大大降低建筑的采暖和制冷能耗。保温层的选择应根据当地的气候条件、建筑的使用功能和节能目标来确定。例如，在寒冷地区，应选择导热系数低、保温性能好的材料作为保温层；在炎热地区，则应选择反射性强、隔热效果好的材料。同时，保温层的施工质量和厚度也是影响保温隔热性能的重要因素，应严格按照设计要求进行施工和验收。

3.合理利用自然资源

公共建筑围护结构的设计还应充分利用自然资源,如自然光、自然通风等。通过优化建筑的自然采光设计,如采用大窗户、天窗等,可以减少对照明设备的需求,降低电能消耗。同时,合理设计建筑的通风系统,如设置通风口、风道等,可以利用自然风压和热压作用,实现建筑的自然通风,减少对空调系统的依赖。此外,还可以考虑利用太阳能、地热能等可再生能源,为建筑提供清洁、可持续的能源。

(二)构造要求

为了确保公共建筑围护结构的节能性能得到有效发挥,其构造要求也相应提高。以下是对围护结构各部位构造要求的具体分析。

1.墙体构造要求

墙体是公共建筑围护结构的主要组成部分,其节能性能对建筑的能耗具有决定性的影响。墙体构造应满足以下要求:选择导热系数低、密度小、吸水率低、耐候性好的保温材料;根据建筑的具体情况和当地的气候条件,合理确定保温层的厚度和位置;采用复合结构,如外墙外保温、外墙自保温、外墙内保温等,以提高墙体的保温隔热性能;加强墙体的气密性和防水性,防止热量和湿气渗透;同时,墙体的表面涂层应选择反射率高、耐候性好的材料,以减少热量的辐射传递。

2.门窗构造要求

门窗是公共建筑围护结构中热量传递的主要通道之一,其节能性能对建筑的能耗具有重要影响。门窗构造应满足以下要求:选择导热系数低、气密性好的门窗材料;合理设置窗墙面积比,根据建筑的使用功能和节能目标来确定;采用双层或三层玻璃,以及热反射玻璃或低辐射玻璃等高效节能玻璃,降低门窗的传热系数;加强门窗的密封性能,如采用密封条、密封胶等材料,防止热量和冷量的散失。

3.屋面构造要求

屋面是公共建筑围护结构的另一个重要组成部分,其节能性能对建筑的能耗同样具有重要影响。屋面构造应满足以下要求:选择导热系数低、耐候性好的保温材料;根据建筑的具体情况和当地的气候条件,合理确定保温层的厚度和位置；采用通风隔热层或设置架空层，提高屋面的保温隔热性能；加强屋面的防水性能和耐久性，确保屋面的长期使用效果。

4.地面构造要求

地面也是公共建筑围护结构的一部分，其节能性能同样不容忽视。地面构造应满足以下要求：选择导热系数低、保温性能好的地板材料；在地面下层设置保温层或采用复合地板结构，以提高地面的保温隔热性能；加强地面的防潮和防水性能，防止地面受潮和霉变；同时，地面的表面材料应选择耐磨、易清洁的材料，以减少维护成本。

5.细节处理与施工要求

在围护结构的构造过程中，还应注意细节处理和施工要求。例如，保温层的接缝处应采用密封材料进行处理，防止热量和湿气渗透；门窗的安装应严格按照施工规范进行，确保门窗的密封性能和保温隔热性能；屋面的防水层应采用耐候性好的材料，并确保施工质量和厚度符合要求。

二、新型围护结构节能材料的研发与应用

（一）新型围护结构节能材料的研发背景

1.能源危机的推动

随着全球能源需求的不断增长和能源资源的日益枯竭，能源危机已成为全球关注的重大问题。建筑行业作为能源消耗的主要领域之一，其节能降耗工作显得尤为重要。新型围护结构节能材料的研发与应用，正是为了应对能源危机，降低建筑的能源消耗，推动建筑行业的可持续发展。

2.环境保护的需求

建筑行业的能源消耗和碳排放对环境造成了严重影响。随着环境保护意识的提升，建筑行业对低碳、环保材料的需求日益增加。新型围护结构节能材料的研发与应用，不仅有助于降低建筑的碳排放，还能提升建筑的使用舒适度和耐久性，符合环境保护的需求。

3.技术进步的支撑

随着科技的不断进步，新型材料、新工艺和新技术的不断涌现，为新型围护结构节能材料的研发与应用提供了有力支撑。例如，纳米技术、复合材料技术、智能化技术等的应用，为新型围护结构节能材料的研发与应用开辟了广阔前景。

(二)新型围护结构节能材料的主要类型

1.高效保温隔热材料

高效保温隔热材料是新型围护结构节能材料的重要组成部分,主要包括聚苯乙烯泡沫塑料、聚氨酯泡沫塑料、岩棉、玻璃棉、真空绝热板等。这些材料具有导热系数低、保温隔热性能好、轻质、易加工等特点,广泛应用于公共建筑的外墙、屋面、地面等部位。

2.智能调光材料

智能调光材料是一种能够根据外部环境变化自动调节透光率的材料,主要包括电致变色玻璃、热致变色玻璃、光致变色玻璃等。这些材料能够根据太阳辐射强度、室外温度等因素自动调节透光率,有效控制室内温度,从而降低空调能耗。智能调光材料在公共建筑的外窗、天窗等部位具有广泛的应用前景。

3.动态遮阳材料

动态遮阳材料是一种能够根据太阳辐射强度、风向等因素自动调节遮阳角度和位置的材料,主要包括感应式遮阳板、电动百叶窗、智能遮阳帘等。这些材料能够通过感应器监测太阳角度和风向,自动调整遮阳板的位置和角度,既保证自然采光,又避免夏季过热。动态遮阳材料在公共建筑的外墙、屋面、窗户等部位具有广泛的应用前景。

4.高性能复合材料

高性能复合材料是将两种或两种以上不同性质的材料,通过物理或化学的方法,在宏观上组成具有新性能的材料,主要包括纤维增强复合材料、金属基复合材料、陶瓷基复合材料等。这些材料具有高强度、高模量、轻质、耐腐蚀、隔热等特点,广泛应用于公共建筑的结构构件、围护结构等部位。

(三)新型围护结构节能材料的性能特点

1.优异的保温隔热性能

新型围护结构节能材料具有优异的保温隔热性能,能够显著降低建筑的采暖和制冷能耗。例如,真空绝热板以其超低的导热系数,成为新一代高效保温隔热材料的代表。

2. 良好的自调节性能

智能调光材料和动态遮阳材料具有良好的自调节性能，能够根据外部环境变化自动调节透光率和遮阳角度，有效控制室内温度，减少空调能耗。

3. 轻质高强

高性能复合材料具有轻质、高强的特点，能够减轻建筑自重，提高建筑的结构性能和耐久性。

4. 环保节能

新型围护结构节能材料大多由可再生资源或回收材料制成，具有环保节能的特点。例如，竹材、再生塑料等绿色建材正逐渐取代传统建筑材料。

(四)新型围护结构节能材料在公共建筑中的应用

1. 外墙保温系统

新型围护结构节能材料在外墙保温系统中具有广泛应用。例如，采用聚氨酯泡沫塑料、岩棉、玻璃棉等材料作为保温层，结合复合技术形成复合外墙保温系统。这种系统不仅具有优异的保温隔热性能，还具有良好的防水、防潮、防火性能。

2. 外窗节能设计

新型围护结构节能材料在外窗节能设计中也发挥着重要作用。例如，采用智能调光玻璃或动态遮阳窗，能够根据外部环境变化自动调节透光率和遮阳角度，有效控制室内温度，降低空调能耗。同时，这些材料还具有良好的隔音、隔热等性能，提高了建筑的使用舒适度。

3. 屋面保温隔热

新型围护结构节能材料在屋面保温隔热中也具有广泛的应用。例如，采用真空绝热板或高性能复合材料作为屋面保温层，能够显著降低屋面的传热系数，提高屋面的保温隔热性能。同时，这些材料还具有良好的防水、防潮、防火等性能，确保了屋面的长期使用效果。

4. 结构构件增强

高性能复合材料在公共建筑的结构构件增强中也具有广泛应用。例如，采用纤维增强复合材料或金属基复合材料制作梁、柱等结构构件，能够减轻建筑自重，提高建筑的结构性能和耐久性。

三、围护结构节能技术的施工质量控制要点

(一)施工前准备阶段的质量控制要点

1.材料质量控制

围护结构节能技术的施工离不开高质量的材料支持。在施工前,应对所使用的保温隔热材料、门窗材料、幕墙材料等进行严格的质量控制。这包括检查材料的出厂合格证、检验报告、进口商品商检证明等质量证明文件,确保材料的品种、规格、性能指标符合设计要求和相关标准的规定。同时,对保温隔热材料还应进行复验,如导热系数、密度、抗压强度或压缩强度等,以确保其性能稳定可靠。

2.施工方案审核

施工前,应对围护结构节能技术的施工方案进行认真审核。施工方案应明确施工流程、施工方法、质量控制要点等内容,确保施工过程的规范性和可操作性。审核过程中,应重点关注施工方案的合理性和可行性,以及是否符合现行标准和规范的要求。

3.施工人员培训

围护结构节能技术的施工需要专业的施工队伍进行操作。在施工前,应对施工人员进行必要的培训,使其熟悉施工图纸、施工方案和质量标准,掌握施工技术和操作要点。同时,还应加强施工人员的质量意识和安全意识教育,确保施工过程顺利进行。

(二)施工过程中的质量控制要点

1.基层处理

基层处理是围护结构节能技术施工的基础环节。在施工前,应对基层进行认真处理,确保其平整、洁净、无油污、无浮灰等杂物。对于墙体节能工程,还应按照设计和施工方案的要求对基层进行处理,以满足保温层施工的要求。

2.保温隔热材料施工

保温隔热材料施工是围护结构节能技术的核心环节。在施工过程中,应严格按照施工方案的要求进行施工,确保保温隔热材料的厚度、黏结或连接牢固度等符合设计要求。对于外墙保温系统,还应特别注意保温板与基层及各构造层之间的黏结或连接牢固度,以及保温浆料的分层施工和黏结牢固度等。

3.门窗及幕墙安装

门窗及幕墙作为建筑围护结构的重要组成部分,其安装质量直接影响建筑的节能效果。在施工过程中,应严格按照施工图纸和施工方案的要求进行安装,确保门窗及幕墙的气密性、水密性和抗风压性能等符合设计要求。同时,还应加强门窗及幕墙与墙体之间的密封处理,防止空气渗透和热量损失。

4.细部构造处理

细部构造处理是围护结构节能技术施工中的关键环节。在施工过程中,应特别注意檐口、勒脚、女儿墙、封闭阳台、车库底面、楼梯间外墙等热桥部位的处理,以及门窗洞口四周的侧面、墙体凸窗四周的侧面等部位的保温隔热处理。这些部位的处理直接影响建筑的节能效果和使用质量。

5.施工过程中的质量检查

在施工过程中,应加强对施工质量的检查力度。这包括对施工过程的巡视检查、对隐蔽工程的验收检查以及对关键工序的质量抽检等。通过加强质量检查,可以及时发现和纠正施工过程中的质量问题,确保施工过程的顺利进行和施工质量的稳定可靠。

(三)施工完成后的质量控制要点

1.质量验收

施工完成后,应组织相关部门对围护结构节能技术的施工质量进行验收。验收过程中,应严格按照设计要求和现行标准规范进行检查和测试,确保各项质量指标符合设计要求和相关标准的规定。对于验收中发现的问题,应及时进行整改和处理,确保施工质量达到合格标准。

2.成品保护

施工完成后,还应加强对成品的保护工作。这包括对已完成的保温隔热层、门窗及幕墙等采取必要的保护措施,防止其受到损坏或污染。同时,还应加强施工现场的管理工作,确保施工现场的整洁和安全。

3.质量记录与档案管理

在施工过程中,应加强对质量记录和档案的管理工作。这包括对施工过程的记录、对质量检查结果记录以及对验收过程的记录等。通过加强质量记录和档案的管理,可以为后续的质量追溯和维修提供有力的支持。

（四）施工质量控制中的注意事项

1.加强沟通与协作

围护结构节能技术的施工质量控制需要各方共同参与和协作。在施工过程中，应加强与设计单位、施工单位、监理单位等的沟通与协作，及时解决施工过程中出现的问题和困难。

2.注重细节处理

围护结构节能技术的施工质量控制需要注重细节处理。在施工过程中，应特别注意对细部构造的处理和隐蔽工程的质量控制，防止因细节处理不当而导致的质量问题。

3.强化质量意识

围护结构节能技术的施工质量控制需要强化质量意识。在施工过程中，应加强对施工人员的质量意识和安全意识教育，确保施工过程顺利进行和施工质量稳定可靠。

四、围护结构节能技术的性能检测与评估方法

（一）性能检测的基本原则

1.科学性

性能检测应遵循科学原理，采用先进的检测技术和设备，确保检测结果的准确性和可靠性。检测过程中应严格按照相关标准和规范进行操作，避免人为因素对检测结果的影响。

2.全面性

性能检测应涵盖围护结构的所有关键性能指标，包括传热系数、热阻、遮阳系数、气密性、水密性、抗风压性等。同时，还应考虑不同气候区、不同建筑类型以及不同使用条件下的性能差异，确保检测结果的全面性和适用性。

3.可操作性

性能检测应具有可操作性，能够在实际工程中得到有效应用。检测方法应简单易行，成本适中，且不会对建筑物造成损坏或影响建筑物的正常使用。

（二）性能检测的主要方法

1.传热系数检测

传热系数是衡量围护结构保温隔热性能的重要指标。常用的传热系数检测方法包括热流计法、热箱法、热板法等。其中，热流计法是最常用的方法之一，通过在围护结构两侧安装热流计和温度传感器，测量热流量和温度差，从而计算出传热系数。热箱法通过在围护结构一侧建立一个稳定的温度环境，测量另一侧的温度变化来计算传热系数。热板法利用热板作为热源，通过测量热板与围护结构之间的热流量和温度差来计算传热系数。

2.热阻检测

热阻是围护结构阻止热量传递的能力。热阻检测可以通过测量围护结构的厚度、导热系数等参数来计算得出。在实际工程中，热阻检测常与传热系数检测相结合，以全面评估围护结构的保温隔热性能。

3.遮阳系数检测

遮阳系数是衡量窗户透光系统遮阳性能的重要指标。遮阳系数检测可以通过测量窗户透光系统透过的太阳辐射量与相同条件下标准玻璃透过的太阳辐射量的比值来计算得出。在实际工程中，遮阳系数检测常与窗户的可见光透射比、紫外线透射比等参数相结合，以全面评估窗户的节能性能。

4.气密性检测

气密性是指围护结构阻止空气渗透的能力。气密性检测可以通过测量围护结构在特定压力差下的空气渗透量来计算得出。常用的气密性检测方法包括压力差法、示踪气体法等。在实际工程中，气密性检测常与围护结构的水密性、抗风压性等性能检测相结合，以全面评估围护结构的密封性能。

5.其他性能检测

除了上述主要性能检测外，围护结构节能技术的性能检测还包括隔声性能检测、防火性能检测、耐久性能检测等。这些检测可以根据具体工程需求和标准规范进行选择并实施。

（三）性能评估的方法与流程

1.数据收集与处理

性能评估的第一步是收集围护结构节能技术的性能检测数据。这些数据应包括传热系数、热阻、遮阳系数、气密性等关键性能指标。收集到的数据应进行整理和分析，剔除异常值和误差数据，以确保数据的准确性和可靠性。

2. 性能对比与评估

性能评估的第二步是将检测到的性能数据与标准规范或设计要求进行对比。通过对比可以判断围护结构节能技术的性能是否达到要求或是否优于其他同类技术。在对比过程中，应考虑不同气候区、不同建筑类型以及不同使用条件下的性能差异。

3. 综合分析与判断

性能评估的第三步是对检测数据进行综合分析和判断。这包括对围护结构节能技术的整体性能进行评估，以及对各项性能指标的相互影响和制约关系进行分析。通过综合分析和判断，可以得出围护结构节能技术的性能优势和不足，为后续的节能设计和施工提供指导。

4. 评估报告编制

性能评估的最后一步是编制评估报告。评估报告应包括检测数据的整理和分析结果、性能对比与评估结果、综合分析与判断结论等内容。评估报告应具有清晰、准确、完整的特点，便于相关人员理解和使用。

（四）性能检测与评估的注意事项

1. 检测设备的校准与维护

性能检测与评估的准确性取决于检测设备的精度和稳定性。因此，在检测过程中应定期对检测设备进行校准和维护，确保检测结果的准确性和可靠性。

2. 检测环境的控制

性能检测与评估应在稳定的检测环境中进行。检测环境应满足相关标准和规范的要求，避免外界因素对检测结果的影响。

3. 检测人员的培训与资质

性能检测与评估需要专业的检测人员进行操作。检测人员应具备相应的专业知识和操作技能，并持有相应的资格证书。同时，还应定期对检测人员进行培训和考核，确保其能够熟练掌握检测技术和设备。

4.检测数据的记录与管理

性能检测与评估过程中应详细记录检测数据，包括检测时间、地点、方法、结果等信息。检测数据应妥善管理和保存，便于后续的分析和使用。

5.检测与评估的时效性

性能检测与评估的结果具有一定的时效性。随着建筑技术的不断进步和节能标准的不断提高，原有的检测结果和评估结论可能不再适用。因此，在实际工程中应定期对围护结构节能技术的性能进行检测与评估，确保其性能满足当前的标准和规范的要求。

第二节　建筑节能施工与绿色建造

一、建筑节能施工的原则与规范要求

（一）建筑节能施工的原则

1.可持续性原则

建筑节能施工的首要原则是可持续性。这要求施工活动在充分考虑环境因素的基础上，减少对自然资源的消耗，提高资源的循环利用率。在施工过程中，应优先选择可再生、可回收的建筑材料，减少建筑垃圾的产生，实现建筑与自然环境的和谐共生。

2.整体性原则

建筑节能施工应遵循整体性原则，将节能设计贯穿于建筑的全生命周期，包括规划、设计、施工、运营及拆除等各个阶段。在施工阶段，应严格按照节能设计要求进行施工，确保施工活动不破坏节能设计的整体性和完整性。同时，还应考虑施工活动对建筑运营和维护的影响，确保建筑在使用过程中的节能效果。

3.经济性原则

建筑节能施工还应遵循经济性原则，在保证节能效果的前提下，合理控制建设成本，实现经济效益与环境效益的双赢。在施工过程中，应优先选择性价比高的节能材料和设备，避免盲目追求高端、昂贵的节能技术和产品。同时，

还应通过优化施工工艺和管理措施，提高施工效率，降低施工成本。

4.技术性原则

建筑节能施工离不开先进技术的支持。在施工过程中，应优先选择成熟的、先进的节能技术和产品，以确保施工质量和节能效果。同时，还应加强对施工人员的培训和教育，提高其节能施工的技术水平和操作能力。

(二)建筑节能施工的规范要求

1.材料选择要求

建筑节能施工应优先选择节能、环保、高效的建筑材料和设备。这些材料和设备应具有良好的保温隔热性能、气密性、水密性、抗风压性，能够满足建筑节能设计的要求。同时，还应考虑材料的可再生性、可回收性和环保性，以减少对自然环境的污染和破坏。

在材料选择过程中，应严格按照相关标准和规范进行选材和验收。对于关键材料和设备，如保温材料、节能门窗、节能灯具等，应进行抽样检测和复验，确保其性能稳定可靠。

2.施工工艺要求

建筑节能施工应优先选择先进的施工工艺和技术，减少施工过程中的能耗和碳排放。例如，可以采用预制装配式建筑技术，减少现场湿作业和建筑垃圾的产生；采用高效节能的施工设备，如变频调速设备、节能灯具等，提高能源利用效率。

在施工过程中，应严格按照施工图纸和施工方案进行施工，确保施工质量和节能效果。同时，还应加强对施工过程的监控和管理，及时发现和纠正施工过程中的质量问题。

3.施工管理要求

建筑节能施工应建立健全管理体系，明确各方责任，确保节能减排措施得到有效执行。施工单位应制定节能减排施工管理制度，明确施工人员的职责和任务，加强对施工过程的监控和管理。

在施工管理过程中，应加强对施工人员的培训和教育，提高其节能施工的意识和技术水平。同时，还应加强对施工现场的管理，确保施工现场的整洁和安全，减少对周围环境的影响。

4.质量验收要求

建筑节能施工完成后,应按照国家相关标准对节能施工进行验收。验收内容包括节能材料和设备的质量、性能、数量、规格等,节能施工方案的执行情况,施工现场能源消耗情况,节能效果评价等。

在质量验收过程中,应严格按照相关标准和规范进行检测和评估,确保施工质量和节能效果达到设计要求和相关标准的规定。对于验收中发现的问题,应及时进行整改,确保建筑节能施工的整体质量。

5.运维管理要求

建筑节能施工完成后,还应加强对建筑运营和维护的管理,确保建筑节能效果的持续性和稳定性。运维管理应包括能耗监测、能效测评、维护保养等方面,及时发现和纠正节能效果下降的问题,确保建筑在使用过程中的节能效果。

在运维管理过程中,应建立健全运维管理制度和机制,明确各方责任和任务,加强对建筑运营和维护的监控和管理。同时,还应加强对运维人员的培训和教育,提高其节能意识和运维技术水平。

(三)建筑节能施工的原则与规范要求的相互关系

建筑节能施工的原则与规范要求是相互关联、相互补充的。原则为施工活动提供了根本准则和指导思想,规范要求则具体化了这些准则和思想,为施工活动提供了具体的标准和措施。两者共同构成了建筑节能施工的基础和保障。

在实际施工过程中,应坚持原则与规范要求相结合,确保施工活动在节能、环保、高效的前提下进行。同时,还应加强对施工过程的监控和管理,及时发现和纠正施工过程中的质量问题,确保施工质量和节能效果达到设计要求和相关标准的规定。

二、绿色建造理念在建筑施工中的实践

(一)绿色建造理念的核心要义

绿色建造理念的核心在于"绿色",它并非简单指绿化或环保材料的使用,而是一种全面、系统的思维方式,涵盖了从建筑设计、材料选择、施工过程到建筑运营的全生命周期。这一理念强调在保障建筑质量、功能和舒适性的同时,最大限度地节约资源、保护环境、减少污染,促进人与自然的和谐共生。

1. 节约资源

通过优化设计方案，采用高效节能材料和技术，减少建筑施工和运营过程中的资源消耗。

2. 保护环境

在施工过程中采取有效措施，减少对土壤、水源、空气等自然环境的污染和破坏。

3. 提高能效

通过提高建筑物的保温隔热性能、采光和通风效率等手段，降低建筑在使用过程中的能耗。

4. 促进循环

鼓励使用可再生、可回收材料，促进建筑废弃物的循环利用。

(二)绿色建造理念在建筑施工中的实践路径

1. 设计阶段的绿色融入

设计是建筑施工的源头，也是绿色建造理念实践的首要环节。在设计阶段，应充分考虑建筑的功能需求、环境条件和资源状况，制订科学合理的绿色设计方案。例如，通过优化建筑布局、提高空间利用率，减少不必要的建筑面积；采用高效节能的建筑材料和结构体系，降低建筑自重和能耗；结合当地气候条件，合理设计建筑的采光、通风和遮阳系统，提高建筑的自然舒适性。

此外，设计阶段还应加强对可再生能源的应用研究，如太阳能、风能等，通过合理设计建筑朝向、安装太阳能光伏板等措施，实现建筑能源的自给自足。

2. 材料选择的绿色导向

材料是建筑施工的基础，也是绿色建造理念实践的关键环节。在材料选择上，应优先选用环保、节能、可再生材料，减少对自然资源的依赖和对环境的破坏。例如，使用再生钢材、再生塑料等回收材料，减少建筑废弃物的产生；采用高性能混凝土、保温隔热材料等节能材料，提高建筑的热工性能和耐久性。

同时，还应加强对材料生命周期的评估和管理，确保材料从生产、运输、使用到废弃的全过程都符合绿色建造理念的要求。

3. 施工过程的绿色控制

施工过程是绿色建造理念实践的重要环节，也是资源消耗和环境影响最为集中的阶段。在施工过程中,应采取有效措施减少能耗、污染和废弃物的产生。例如,采用高效节能的施工机械和设备,提高施工效率;采用预制装配式建筑技术,减少现场湿作业和建筑垃圾的产生;采用扬尘控制、噪声控制等环保措施,以减少对周围环境的影响。

此外,还应加强对施工过程的监控和管理,确保施工活动符合绿色建造理念的要求。例如,建立绿色施工管理体系,明确各方责任和义务;加强对施工人员的培训和教育,提高其绿色施工意识和技能水平。

4.运营维护的绿色管理

建筑运营维护是绿色建造理念实践的长期环节,也是实现建筑全生命周期内资源高效利用和环境低影响的关键。在运营维护阶段,应加强对建筑能耗的监测和管理,采取有效措施降低建筑能耗。例如,建立能耗监测系统,实时监测建筑能耗情况;采用智能控制技术,实现建筑设备的自动化、智能化管理;定期对建筑进行维护和保养,延长建筑使用寿命。

同时,还应加强对建筑废弃物的分类和处理,促进建筑废弃物的循环利用。例如,建立建筑废弃物回收和处理体系,实现建筑废弃物的减量化、资源化和无害化处理。

(三)绿色建造理念在建筑施工中的实践案例

近年来,随着绿色建造理念的深入推广和实践,国内涌现出了一批优秀的绿色建造案例。例如,深汕特别合作区中建绿色产业园办公楼作为全球首个运行的“光储直柔”建筑,通过融合光伏发电、分布式储能、直流供电建筑及柔性控制系统四种技术,实现了建筑由能源的消费者向生产者、存储者、调节者的华丽转变。该建筑不仅年碳减排量显著,还为低碳城市建设、管理运营提供了系统解决方案。

又如,上海璀璨城市零碳建筑展示中心项目作为中国首个模块化零能耗建筑,通过采用模块化建造方式、安装光伏板和光伏幕墙等措施,实现了建筑零能耗的目标。该建筑不仅展示了绿色建造技术的创新应用,还为未来建筑行业的低碳转型树立了标杆。

这些实践案例充分证明了绿色建造理念在建筑施工中的可行性和有效性,也为未来绿色建造的发展提供了宝贵的经验和启示。

三、建筑节能施工技术的创新与发展方向

(一)建筑节能施工技术的创新现状

1.新型节能材料的应用

新型节能材料是建筑节能施工技术的重要基础。例如,高效保温隔热材料的应用显著提高了建筑物的保温隔热性能,降低了建筑能耗。同时,高性能玻璃、低辐射玻璃等新型节能门窗材料的应用也有效改善了建筑物的采光和通风条件,提高了室内环境质量。

2.智能节能控制系统的应用

智能节能控制系统是建筑节能施工技术的另一大创新点。通过集成传感器、执行器、控制器等先进设备,实现对建筑物能耗的实时监测和智能控制。例如,智能恒温器可以根据室内外温度、湿度等环境参数自动调节室内温度,从而提高能源利用效率。楼宇自动化系统则可以实现对建筑物照明、空调、电梯等设备的集中管理和优化调度,进一步降低建筑能耗。

3.可再生能源的利用

可再生能源的利用是建筑节能施工技术的重要方向之一。太阳能、风能等可再生能源的广泛应用,为建筑物提供了清洁、可持续的能源供应。例如,光伏发电系统的应用可以将太阳能转化为电能,为建筑物提供电力支持。地源热泵系统则可以利用地下浅层地热资源,为建筑物提供供暖和制冷服务。

(二)建筑节能施工技术的发展趋势

1.集成化与智能化

随着信息技术的快速发展,建筑节能施工技术将更加注重集成化与智能化。通过集成多种先进设备和技术,实现对建筑物能耗的全面监测和优化控制。同时,借助人工智能、大数据等先进技术,对建筑物能耗数据进行分析和挖掘,为建筑节能施工提供科学决策支持。

2.高效化与精细化

未来,建筑节能施工技术将更加注重高效化与精细化。通过优化建筑设计、施工工艺和材料选择等环节,提高建筑物的能源利用效率。同时,借助先进的测量和检测技术,对建筑物能耗进行精细化管理和控制,实现建筑能耗最小化。

3.绿色化与生态化

未来建筑节能施工技术将更加注重绿色化与生态化。通过采用环保材料、节能技术和可再生能源等措施,减少对环境的污染和破坏。同时,注重建筑物与周围环境的和谐共生,实现建筑行业的可持续发展。

(三)建筑节能施工技术的创新方向

1.新型节能材料的研究与开发

新型节能材料的研究与开发是建筑节能施工技术的关键。未来可以加强对高效保温隔热材料、高性能玻璃、低辐射玻璃等新型节能材料的研究与开发,提高这些材料的性能和可靠性。同时,探索新型节能材料的制备工艺和应用技术,降低其生产成本和应用难度。

2.智能节能控制系统的优化与升级

智能节能控制系统的优化与升级是提高建筑节能效果的重要手段。未来可以加强对智能节能控制系统的研发和优化,提高其稳定性和可靠性。同时,结合人工智能、大数据等先进技术,对智能节能控制系统进行升级和改进,实现对建筑物能耗更加精准和高效的控制。

3.可再生能源技术的创新与应用

可再生能源技术的创新与应用是推动建筑节能施工技术发展的重要方向。未来可以加强对太阳能、风能等可再生能源技术的研究与开发,提高这些能源的转化效率和利用效率。同时,探索可再生能源在建筑领域的应用模式和技术路径,推动可再生能源与建筑行业的深度融合和发展。

4.建筑信息模型(BIM)技术的应用与推广

建筑信息模型(BIM)技术的应用与推广是建筑节能施工技术的创新方向之一。通过构建建筑物的三维模型,实现对建筑物设计、施工和运营等全过程的数字化管理和优化。BIM技术可以帮助设计师更好地把握建筑物的节能性能,优化建筑设计方案;同时,它也可以帮助施工人员更好地理解和执行节能施工要求,提高施工质量和效率。

5.跨领域技术的融合与创新

跨领域技术的融合与创新是推动建筑节能施工技术发展的重要途径。未来可以加强建筑、材料、能源、信息等领域的交流与合作,推动跨领域技术的融合与创新。通过引入其他领域的先进技术和理念，为建筑节能施工技术的创新与发展注入新的活力。

四、建筑节能施工与绿色建造的案例分析

（一）北京奥运村：绿色生态节能典范

北京奥运村作为2008年北京奥运会的运动员居住区，其绿色生态节能设计与实践成了全球关注的焦点。在节能方面，奥运村采用了与建筑一体化的太阳能热水系统，该系统在奥运会期间为16800名运动员提供洗浴热水的预加热，奥运会后则满足了全区近2000户居民的生活热水需求。这一设计不仅充分利用了可再生能源，还通过闭式间接利用太阳能热水系统，有效提高了能源利用效率。

此外，奥运村还利用清河污水处理厂的二级出水（再生水），建设了“再生水源热泵系统”，为奥运村提供冬季供暖和夏季制冷。这一创新举措不仅减少了对传统能源的依赖，还实现了水资源的循环利用。在景观与水处理方面，奥运村将花房与水处理相结合，通过植物及微生物的食物链处理生活污水，实现了中水利用。

在材料使用上，奥运村大量采用了高强度钢和高性能混凝土等绿色建材，减少了钢材和水泥的使用量，同时减少了二氧化碳、二氧化硫等有害气体和废渣的排放。奥运村的设计还充分考虑了赛后的可持续利用，部分建筑赛后需拆除，因此多采用拆除后可回收再利用的无毒、无味、无污染材料。

（二）上海建科莘庄科技园区10号楼：超低能耗建筑的标杆

上海建科莘庄科技园区10号楼作为上海市第一批工程总承包试点项目，获得了绿色建筑三星标识和健康建筑标识，以及中国建筑节能协会认证的第一批超低能耗建筑。该项目采用了多种领先且经济的绿色建筑技术，实现了建筑综合节能率53%，可再生能源利用率5.98%。

在围护结构方面，项目采用了玻纤增强聚氨酯节能外窗、真空绝热板等高效绝热材料，建立了保温隔热性能更优和气密性能更高的围护结构技术体系，有效降低了建筑采暖空调负荷。同时，项目采用了机械新风+自然通风的混合通风方式，延长了建筑的非空调采暖时间，提高了室内环境品质。

在能源利用方面，项目充分利用了可再生能源。屋顶安装了太阳能电池

板,为建筑提供了部分电力支持。同时,项目还采用了高效多联式空调(热泵)机组和智能人体感知技术,实现了空调系统的精准控制和高效运行。

(三)深汕特别合作区中建绿色产业园办公楼:"光储直柔"建筑的实践

深汕特别合作区中建绿色产业园办公楼作为全球首个运行的"光储直柔"建筑,展示了建筑节能施工技术的最新成果。该项目通过融合光伏发电、分布式储能、直流供电建筑及柔性控制系统四种技术,实现了建筑由能源的消费者向生产者、存储者与调节者的转变。

在光伏发电方面,项目在屋面上安装了光伏板,在建筑的西立面安装了相应的光伏幕墙,实现了建筑电力的自给自足。在储能方面,项目采用了分布式储能技术,将多余的电能储存起来,以供建筑在需要时使用。在直流电建筑方面,项目采用了直流供电系统,减少了电能转换过程中的损耗。在柔性控制系统方面,项目通过智能控制算法,实现了对建筑能耗的精准控制和优化调度。

此外,项目还采用了高效保温隔热材料、智能遮阳系统、自然通风等绿色建造技术,进一步提高了建筑的能效和舒适性。

(四)浙江嘉兴竹小汇零碳科创村落:绿色乡村的典范

浙江嘉兴竹小汇零碳科创村落作为中国首个零碳科创村落,展示了绿色建造技术在乡村建设中的应用与成效。村落内一排排光伏板向阳静卧,3座风车的叶片迎风转动,源源不断地将太阳能、风能转化为电能,实现了村落能源的自给自足。

在材料使用上,村落建设者将原有建筑拆除后产生的废旧砖瓦作为新建筑的装饰材料,实现了建筑废弃物的循环利用。在污水处理方面,村落采用了污废水100%处理后回用、再排放的技术,减少了水资源的浪费。在垃圾处理方面,村落采用厨余垃圾等通过生物降解本地处理,其他生活垃圾分类收集处理、回用的方式,实现了垃圾的资源化利用。

此外,村落还通过智慧农田、垃圾降解、污水处理等技术手段实现了精准灌溉和水的节约使用。村落内应用的无接触式智慧垃圾桶、光伏发电景观廊架、智慧太阳能充电椅等低碳智慧设施产品,也进一步提升了村落的宜居性和可持续性。

第三节 建筑常规能源系统运行节能

一、建筑常规能源系统的构成与运行原理分析

(一)建筑常规能源系统的构成

1.供配电系统

供配电系统是建筑常规能源系统的核心,负责将外部电网的电能引入建筑内部,并经过一系列设备的转换和分配,最终为建筑内的照明、空调、电梯等各类设备提供所需的电力。供配电系统包括高压配电所、低压配电室、变电站、变压器、配电柜、电缆线路等组成部分。高压配电所将外部电网的高压电能引入建筑内部,通过变压器降压后供给低压配电室,再由低压配电室通过电缆线路分配给各用电设备。

2.暖通空调系统

暖通空调系统是为建筑物提供采暖、通风、空调和制冷服务的设备和系统的统称。它主要包括制冷机组、热泵、锅炉、冷却塔等冷热源设备,冷冻水循环泵、冷却水循环泵和热水循环泵等输送设备,以及空调机组、新风机组等末端设备。暖通空调系统通过调节室内温度、湿度、空气流速等参数,为建筑内的人员提供舒适的环境。

3.给排水系统

给排水系统负责建筑的供水、排水和污水处理。供水系统包括市政供水管网、水箱、水泵、管道等,为建筑内的人员提供生活用水和消防用水。排水系统则将建筑内的污水和废水收集并排放到市政污水管网中。污水处理系统则对污水进行处理,达到排放标准后再进行排放或回用。

4.燃气系统

燃气系统为建筑提供燃气,主要用于烹饪、供暖、热水等方面。燃气系统包括燃气管道、燃气表、燃气阀门、燃气燃烧器等。燃气通过管道输送到建筑内部,经过燃气表计量后供给各用气设备使用。

5.热力系统

热力系统主要用于建筑供暖。在北方地区,热力系统通常包括集中供热管网、换热站、散热器等组成部分。集中供热管网将热源(如热电厂、锅炉房等)产生的热能输送到建筑物内部,经过换热站换热后,通过散热器散热,为建筑物提供供暖服务。

(二)建筑常规能源系统的运行原理分析

1.供配电系统的运行原理

供配电系统的运行原理主要包括电能的传输、转换和分配。高压配电所将外部电网的高压电能引入建筑内部,通过变压器降压后转换为低压电能。低压配电室将低压电能通过电缆线路分配给各用电设备。在电能传输过程中,需要保证电能的质量和稳定性,避免电压波动、谐波污染等问题。同时,供配电系统还需要具备过流、过压、短路等保护功能,确保用电设备的安全运行。

2.暖通空调系统的运行原理

暖通空调系统的运行原理涉及冷热源的产生、输送和分配。冷热源设备(如制冷机组、热泵、锅炉等)通过消耗电能或其他能源产生冷热源。输送设备(如冷冻水循环泵、冷却水循环泵等)将冷热水输送到各末端设备(如空调机组、新风机组等)。末端设备通过调节冷热水的流量、温度等参数,为建筑内的人员提供舒适的环境。在暖通空调系统的运行过程中,需要保证冷热源的产生、输送和分配的高效性和稳定性,避免能源浪费和环境污染。

3.给排水系统的运行原理

给排水系统的运行原理主要包括水的供应、使用和排放。供水系统通过市政供水管网、水箱、水泵等设备将水输送到建筑内部,为建筑内的人员提供生活用水和消防用水。排水系统则将建筑内的污水和废水收集并排放到市政污水管网中。污水处理系统则对污水进行处理,达到排放标准后再排放或回用。在给排水系统的运行过程中,需要保证水的供应和排放的顺畅性和安全性,避免水资源的浪费和污染。

4.燃气系统的运行原理

燃气系统的运行原理主要涉及燃气的供应和使用。燃气通过管道输送到建筑内部,经过燃气表计量后供给各用气设备使用。在燃气系统的运行过程中,需要保证燃气供应的稳定性和安全性,避免燃气泄漏和火灾等事故的发生。同时,还需要对燃气系统进行定期检测和维护,确保其正常运行。

5.热力系统的运行原理

热力系统的运行原理主要涉及热能的产生、输送和分配。热源(如热电厂、锅炉房等)产生热能后,通过集中供热管网输送到建筑内部。换热站将热能换热后供给散热器散热,为建筑提供供暖服务。在热力系统的运行过程中,需要保证热能的产生、输送和分配的高效性和稳定性,避免能源浪费和环境污染。同时,还需要对热力系统进行定期检测和维护,确保其正常运行。

二、常规能源系统运行节能的优化措施探讨

(一)供配电系统节能优化措施

供配电系统是建筑常规能源系统的核心,其节能优化措施对于降低建筑能耗具有重要意义。首先,可以通过优化供配电系统设计降低线损率。这包括合理布置电气设备,减少电缆长度和损耗,以及选用高性能无功补偿装置以提高功率因数等措施。其次,采用高效节能的电源设备也是供配电系统节能的重要手段。例如,选用低损耗节能电力变压器,以及采用LED照明设备替换传统灯具等,都可以显著降低电能消耗。此外,智能电能计量和监控系统的应用可以实时监测和分析用电行为,及时发现能源浪费和潜在的故障,进而优化用电管理,提高能源利用效率。

(二)暖通空调系统节能优化措施

暖通空调系统作为建筑能耗的重要组成部分,其节能优化措施对于降低建筑能耗具有重要意义。首先,可以通过优化空调设备和系统配置,提高能效。例如,选用高效节能的空调设备和末端设备,以及采用变频技术实现智能调节等,都可以显著降低空调系统的能耗。其次,优化管道布局和保温措施也是暖通空调系统节能的重要手段。合理设计管道布局,减少无效的能耗传递,以及选用高效隔热材料对管道进行保温处理,都可以提高能源利用效率。此外,通过引入智能控制系统,实现对空调系统的精准控制和优化运行,也是暖通空调系统节能的有效途径。例如,通过安装温湿度、二氧化碳浓度和人体检测传感器,实时监测环境数据,动态调整空调和新风系统运行状态,以减少能源消耗。

(三)给排水系统节能优化措施

给排水系统作为建筑能耗的组成部分之一,其节能优化措施对于降低建筑能耗同样具有重要意义。首先,可以通过优化供水方式和水泵选型降低能耗。例如,对于多层建筑,可采用市政管网直接供水;对于高层建筑,则应采用分区供水,避免低区水压过高造成能量浪费。同时,选用高效节能的水泵,并根据实际用水量自动调节水泵转速,可以显著降低能耗。其次,采用新型管材和节水型卫生器具也是给排水系统节能的重要手段。例如,选用内壁光滑、水流阻力小的塑料管材,以及推广使用节水型水龙头、马桶、淋浴喷头等器具,都可以有效减少水资源浪费和能耗。此外,通过引入智能控制系统,实现对给排水设备的实时监测和控制,也是给排水系统节能的有效途径。例如,通过传感器获取用水量、水压等信息,自动调整设备运行状态,以实现节能运行。

(四)燃气系统节能优化措施

燃气系统作为建筑能源的重要组成部分,其节能优化措施对于提高能源利用效率、降低建筑能耗同样具有重要意义。首先,可以通过优化燃气设备的选型和使用方式提高能效。例如,选用高效节能的燃气锅炉和燃烧器,以及采用磁化处理和富氧助燃技术,都可以显著提高燃气燃烧效率,降低能耗。其次,定期对燃气设备进行维护和检修,保持设备的最佳运行状态,也是燃气系统节能的重要手段。例如,定期清理燃烧器的喷嘴、风机叶轮等部件,防止堵塞和磨损,可以提高燃烧效率,降低能耗。此外,通过引入智能控制系统,实现对燃气设备的精准控制和优化运行,也是燃气系统节能的有效途径。例如,通过安装燃气流量传感器和压力传感器等,实时监测燃气使用情况,动态调整燃气供应量和燃烧参数,以减少能源消耗。

(五)热力系统节能优化措施

热力系统作为建筑供暖的重要组成部分,其节能优化措施对于降低建筑能耗具有重要意义。首先,可以通过优化热力系统设计和运行参数提高能效。例如,合理设计供热管网布局和管道保温措施,减少热量散失;采用高效节能的换热器和散热器等设备,提高热能利用效率。其次,采用余热回收技术也是热力系统节能的重要手段。例如,在锅炉尾部烟道安装省煤器或空气预热器,利用烟气的余热来预热锅炉的给水或燃烧所需的空气,可以提高燃烧效率,降低能耗。此外，通过引入智能控制系统，实现对热力系统的精准控制和优化运行，也是热力系统节能的有效途径。例如，通过安装温度传感器和流量传感器等设备，实时监测供热系统的运行情况，动态调整供热参数和循环泵转速等，以减少能源消耗。

三、建筑能源管理系统在运行节能中的应用

（一）建筑能源管理系统的构成与功能

建筑能源管理系统通常由硬件设备、传感器、软件和通信系统构成。硬件设备包括各种数据采集设备、控制设备以及执行器等，用于实时采集建筑内的能耗数据并执行控制指令。传感器则用于监测建筑内各种能源使用参数，如温度、湿度、光照强度、电量等，为系统提供准确的数据支持。软件是BEMS的核心，它负责处理和分析传感器采集到的数据，并根据预设的算法和规则生成控制指令。通信系统则负责将传感器采集到的数据传输到中央控制系统，并将控制指令传输到执行器。

BEMS的主要功能包括实时监测、能耗分析、智能控制和优化调度等。实时监测功能可以实时展示建筑内各种能源使用设备的运行状态和能耗数据，帮助运营者及时了解建筑的能耗情况。能耗分析功能则可以对历史能耗数据进行分析，找出能耗高峰时段和浪费环节，为制定节能措施提供依据。智能控制功能可以根据实时监测数据和预设的算法和规则，自动调整设备的运行状态，实现节能运行。优化调度功能则可以根据建筑的能源需求和供应情况，优化能源分配和使用策略，提高能源利用效率。

（二）建筑能源管理系统在运行节能中的应用场景

1.照明系统节能

BEMS可以通过光线传感器实时监测室内光照强度，并根据预设的算法和规则自动调整照明设备的亮度或开关状态。例如，在白天光照充足的情况下，自动降低亮度或关闭照明设备，以节省电能。同时，BEMS还可以根据人员活动情况调整照明设备的开关状态，避免无人时的能源浪费。

2.空调系统节能

BEMS可以通过温度传感器、湿度传感器和人员检测传感器等实时监测

室内环境参数和人员活动情况，并根据预设的算法和规则自动调整空调系统的运行状态。例如，在人员密集且温度较高的情况下，自动提高空调系统的制冷效率；在人员稀少且温度适宜的情况下，适当降低或关闭空调系统的运行功率。此外，BEMS 还可以通过优化空调系统的运行策略，如采用变频技术、智能通风等，进一步提高能源利用效率。

3. 电梯系统节能

BEMS 可以通过电梯控制系统实时监测电梯的运行状态和能耗数据，并根据预设的算法和规则自动调整电梯的运行策略和调度方案。例如，在高峰时段采用群控策略，提高电梯的运行效率；在低谷时段采用单梯运行或待机模式，以降低能耗。此外，BEMS 还可以通过优化电梯的停靠楼层和停靠时间等参数，进一步减少电梯的空驶和等待时间，降低能耗。

4. 供配电系统节能

BEMS 可以通过电能计量装置实时监测建筑内各用电设备的能耗数据，并根据预设的算法和规则自动调整供配电系统的运行策略。例如，在用电高峰时段采用峰谷电价策略，降低用电成本；在用电低谷时段采用储能装置储存电能，以供高峰时段使用。此外，BEMS 还可以通过优化供配电系统的线路布局和设备选型等参数，进一步提高能源利用效率。

（三）建筑能源管理系统在运行节能中的应用效果

1. 提高能源利用效率

BEMS 通过对建筑内各种能源使用情况的实时监测、分析和控制，可以帮助运营者及时发现能耗高峰时段和浪费环节，并采取相应的节能措施。例如，通过调整设备的运行状态、优化运行策略等方式，可以显著提高能源利用效率，降低能耗。

2. 降低运营成本

BEMS 的应用可以降低建筑的能耗和运营成本。通过实时监测和分析能耗数据，运营者可以及时发现能耗异常和浪费环节，并采取相应的节能措施。例如，通过调整设备的运行状态、优化运行策略等方式，可以降低建筑的能耗和运营成本。此外，BEMS 还可以通过优化能源供应和使用策略，降低用电成本。

3.提升建筑舒适度

BEMS的应用可以提升建筑的舒适度。通过实时监测和分析室内环境参数和人员活动情况,BEMS可以根据实际需求自动调整设备的运行状态和参数设置。例如,在人员密集且温度较高的情况下,自动提高空调系统的制冷效率;在人员稀少且温度适宜的情况下,适当降低空调系统的运行功率或关闭系统。这样可以为建筑内的人员提供更加舒适、宜人的环境。

4.促进可持续发展

BEMS的应用可以促进建筑的可持续发展。通过实时监测和分析能耗数据,运营者可以及时发现能耗异常和浪费环节,并采取相应的节能措施。这不仅有助于降低建筑的能耗和运营成本,还有助于减少温室气体排放和环境污染,推动建筑的绿色、可持续发展。

四、常规能源系统运行节能的经济效益评估

(一)节能措施的实施与节能效果的量化

节能措施的实施是评估节能经济效益的前提。常规能源系统运行中的节能措施多种多样,包括但不限于设备升级、优化运行模式、改善维护管理等。这些措施的实施需要综合考虑技术可行性、经济成本以及环境效益等多方面的因素。

节能效果的量化是评估节能经济效益的基础。量化节能效果通常通过对比节能措施实施前后的能耗数据来实现。例如,可以收集节能措施实施前后的电、水、气等各种能源的消耗量,通过对比同一时间段内的数据,计算出能耗的减少量或节约比例。此外,还可以观察能耗数据在较长时间内的变化趋势,以评估节能措施的长期效果。

在量化节能效果时,还需要考虑单位产品能耗和能源利用效率等指标。单位产品能耗反映了单位产品生产过程中的能源消耗量,通过对比节能措施实施前后的单位产品能耗,可以评估节能措施对生产过程的优化效果。能源利用效率则反映了能源的有效利用程度,通过计算能源转换效率、设备运行效率等指标,可以评估节能措施对能源利用效率的提升效果。

(二)经济效益的计算方法

经济效益的计算是评估节能经济效益的关键。节能经济效益的计算方法多种多样,通常包括节能收益和节能成本两个方面的考量。

节能收益是指因节能措施的实施而带来的直接经济收益。节能收益的计算通常基于节能措施实施前后的能耗数据,通过对比计算得出。例如,如果节能措施的实施导致每月电费从10万元降至8万元,那么每月的节能收益就是2万元。此外,节能收益还可以包括因节能而减少的维护成本、延长设备使用寿命等间接经济收益。

节能成本是指节能措施所需的投资和运行成本。节能成本包括设备采购、安装调试、人员培训等费用,以及节能措施实施后的日常维护费用等。在计算节能成本时,需要综合考虑节能措施的全生命周期成本,以确保评估结果的准确性。

在评估节能经济效益时,还需要考虑投资回收期、内部收益率等经济指标。投资回收期是指节能措施的投资成本通过节能收益收回所需的时间。内部收益率则是指节能措施在投资期内各年净现金流量的现值累计等于零时的折现率。这些经济指标有助于评估节能措施的经济可行性和长期效益。

(三)评估的实际案例

以某工厂为例,该工厂在生产过程中采用了多种节能措施,包括设备升级、优化运行模式、改善维护管理等。通过对比节能措施实施前后的能耗数据,发现该工厂的月度电费从100万元降至80万元,月度节能收益达到20万元。同时,该工厂还通过节能措施的实施延长了设备的使用寿命,减少了维护成本等间接经济效益。

在计算节能成本时,该工厂考虑了设备采购、安装调试、人员培训等费用,以及节能措施实施后的日常维护费用等。通过综合考虑节能措施的全生命周期成本,我们发现该工厂的节能成本在可接受范围内。

在评估节能措施的经济效益时,该工厂还考虑了投资回收期、内部收益率等经济指标。通过计算发现,该工厂节能措施的投资回收期约为2年,内部收益率约为15%。这些经济指标表明,该工厂的节能措施具有较高的经济可行性和长期效益。

(四)节能经济效益评估的复杂性

需要注意的是,节能经济效益评估具有一定的复杂性。首先,节能措施的实施效果可能受到多种因素的影响,如设备运行状况、环境条件、管理水平等。因此,在量化节能效果时需要综合考虑这些因素,并尽可能减少误差。

其次,节能收益的计算可能受到能源价格波动等因素的影响。例如,如果电价上涨,那么节能措施的实施所带来的节能收益可能会相应增加。因此,在评估节能经济效益时需要考虑能源价格波动的风险。

此外,节能成本的计算也可能受到多种因素的影响,如设备采购价格、安装调试费用、人员培训费用等。这些因素的变化可能会导致节能成本的变化,从而影响节能经济效益的评估结果。

最后,节能经济效益评估还需要考虑时间因素。节能措施的实施效果可能需要在较长时间内才能显现出来,因此需要对节能经济效益进行长期跟踪和评估。

第四节 可再生能源在建筑中的应用

一、可再生能源在建筑节能中的地位与作用

(一)可再生能源在建筑节能中的地位

随着全球气候变化的加剧和能源需求的不断增长,建筑行业作为能源消耗和碳排放的大户,面临着巨大的节能减排压力。传统化石能源的有限性和环境污染问题促使人们寻找更加清洁、可持续的能源替代方案。可再生能源因其清洁、可再生的特性,逐渐成为建筑节能领域的重要选择。

1.政策导向与标准制定

各国政府纷纷出台政策,鼓励可再生能源在建筑领域的应用。例如,中国

自2019年颁布首部引导性建筑节能国家标准GB/T 51350—2019《近零能耗建筑技术标准》以来，不断推动超低能耗建筑的发展，明确了可再生能源在建筑节能中的重要地位。这些政策导向和标准的制定为可再生能源在建筑节能中的应用提供了有力保障。

2. 市场需求与技术创新

随着人们对环保和可持续发展的认识不断提高，市场对绿色建筑和节能建筑的需求日益增长。这种市场需求推动了可再生能源在建筑领域的技术创新和应用推广。例如，太阳能光伏板、风力发电装置、地源热泵等可再生能源技术不断成熟和完善，为建筑节能提供了更多选择。

3. 能源结构优化与可持续发展

可再生能源在建筑节能中的应用有助于优化能源结构，减少对化石能源的依赖。这不仅有助于缓解能源危机，还有助于减少温室气体排放，推动建筑行业的可持续发展。

（二）可再生能源在建筑节能中的作用

1. 提高能源利用效率

可再生能源在建筑节能中的主要作用之一是提高能源利用效率。通过合理利用可再生能源，如太阳能光伏发电、风力发电等，可以为建筑提供清洁、稳定的能源供应。这些能源可以直接用于建筑的照明、空调、供暖等系统，减少对传统电网的依赖，降低能耗和碳排放。

例如，太阳能光伏板可以将太阳能转化为电能，直接为建筑提供电力。在阳光充足的地区，太阳能光伏板可以满足建筑的大部分电力需求，甚至可以实现电力自给自足。同时，通过智能能源管理系统还可以实现能源的优化调度和高效利用，进一步提高能源利用效率。

2. 促进绿色建筑发展

可再生能源在建筑节能中的应用有助于推动绿色建筑的发展。绿色建筑强调在建筑的全生命周期内实现资源节约和环境保护，而可再生能源作为清洁、可再生的能源形式，是实现这一目标的重要手段。

例如，地源热泵技术可以利用地下土壤的巨大蓄热蓄冷能力，为建筑提供制冷和供暖服务。这种技术不仅能效高、运行稳定，还能减少对化石能源的依赖，降低碳排放。同时，地源热泵系统还可以与太阳能光伏板等可再生能源技术相结合，形成综合能源系统，为建筑提供更加全面、高效的能源服务。

3.改善室内环境质量

可再生能源在建筑节能中的应用还有助于改善室内环境质量。例如，太阳能光伏板可以为建筑提供充足的电力供应，减少对传统电网的依赖，降低电力传输过程中的损耗和污染。同时，太阳能光伏板还可以与建筑一体化设计，形成美观、实用的建筑外观。

此外，风力发电装置、生物质能等可再生能源技术也可以为建筑提供清洁、稳定的能源供应。这些能源不仅可以用于建筑的照明、空调、供暖等系统，还可以用于建筑的通风、除湿等系统，进一步改善室内环境质量。

4.提升建筑价值与市场竞争力

可再生能源在建筑节能中的应用还有助于提升建筑价值与市场竞争力。随着人们对环保和可持续发展的认识不断提高，市场对绿色建筑和节能建筑的需求日益增长。采用可再生能源技术的建筑不仅可以满足市场需求，还能提升建筑的品牌形象和市场价值。

例如，一些高端住宅和商业建筑已经开始采用太阳能光伏板、地源热泵等可再生能源技术，以吸引更多的消费者和投资者。这些建筑不仅能效高、环保性好，还能提供更加舒适、健康的生活和工作环境，从而赢得市场的青睐。

5.促进能源转型与经济发展

可再生能源在建筑节能中的应用还有助于促进能源转型与经济发展。随着全球能源结构的不断变化和可再生能源技术的不断进步，可再生能源在建筑节能中的应用前景越来越广阔。这不仅有助于推动能源转型和可持续发展目标的实现，还能为建筑行业带来新的经济增长点和就业机会。

例如，太阳能光伏板制造、风力发电装置安装、地源热泵系统集成等可再生能源产业链的不断完善和发展，将为建筑行业提供更多的就业机会和经济增长点。同时，这些产业的发展还将带动相关产业链的发展和创新能力的提升。

二、太阳能、风能等可再生能源在建筑中的应用实例

（一）太阳能的应用实例

太阳能作为最丰富的可再生能源之一，其在建筑中的应用形式多种多样，从简单的太阳能热水器到复杂的太阳能光伏系统，无不彰显着其在建筑节能

与能源供应方面的巨大潜力。

1. 太阳能光伏系统

(1)青岛奥帆中心零碳社区

青岛奥帆中心零碳社区在3层楼顶铺设了2232块高效光伏板,这一光伏系统年均发电量高达760,000KWh,相当于每年节省224t标准煤的消耗,并有效减少580吨二氧化碳的排放。这些光伏板不仅为国际会议中心提供了电力,还将多余电力输送至青岛电网,实现了能源的自给自足与多余能源的共享。

(2)新加坡EDITT大厦

新加坡EDITT大厦是一座垂直农场建筑,其表面覆盖有855m²的太阳能板。这些太阳能板每天产生的电能至少可以满足大楼40%的用电需求。EDITT大厦还采用了回收材料及可回收材料建造,其50%的外表面可种植有机植物,进一步体现了绿色建筑的理念。

2. 太阳能热水器:普通住宅太阳能热水器安装

虽然太阳能热水器在大型公共建筑中的应用相对较少,但在住宅领域却极为普遍。许多新建住宅和旧房改造项目都选择了安装太阳能热水器。这些热水器利用太阳能将水加热,供家庭日常使用,不仅节省了电费开支,还减少了化石能源的消耗和碳排放。

3. 太阳能光热系统:太阳能集热器在建筑中的应用

在一些大型公共建筑和工业厂房中,太阳能集热器被广泛应用于热水供应和空调系统。这些集热器通过吸收太阳能并将其转化为热能,为建筑提供热水或用于空调系统的冷热源。例如,某些温泉度假村就采用了太阳能集热器为客房提供热水,既环保又经济。

(二)风能的应用实例

风能作为一种清洁、可再生的能源形式,其在建筑中的应用日益受到重视。虽然风能发电在建筑领域的应用相对太阳能发电来说较少,但在一些特定条件下,风能却能为建筑提供稳定可靠的能源供应。

1. 建筑顶部风力发电装置

(1)Strata SE1高层住宅

位于伦敦的Strata SE1高层住宅在建筑顶部设计有3台直径9m的风力涡

轮发电机。这些发电机利用建筑周围的风力进行发电,可为楼内住户提供每年50MWh的生活用电。然而,由于实际运行过程中产生的大量振动和噪声影响结构安全和居住舒适度,以及需要经常的维护开销,这些风力发电设备一直处于停止运行状态。尽管如此,该实例仍展示了风能在建筑中的应用潜力。

(2)巴林世界贸易中心

巴林世界贸易中心是世界上第一座将风力涡轮机融入设计的摩天大楼。每座天桥装有225KW的风力涡轮机,为塔提供了11%~15%的总电力消耗。这些涡轮机不仅为建筑提供了部分电力,还成了建筑的标志性景观。

2.自然通风系统

(1)伊朗传统建筑中的风塔

伊朗传统建筑中的风塔是一种利用风能进行自然通风的巧妙设计。风塔通过从上而下的风来创造自然的通风效果,为建筑内部提供凉爽的环境。这种设计不仅节省了能源开支,还提高了建筑的居住舒适度。现代建筑也开始借鉴这种设计理念,通过优化建筑布局和开口形式来实现自然通风。

(2)阿布扎比马斯达尔生态城

阿布扎比马斯达尔生态城采用了类似风塔的设计,为城市所有狭窄的街道通风并将街道降温至5℃。这种设计不仅改善了城市的微气候环境,还减少了空调系统的能耗和碳排放。

3.风力发电与建筑一体化设计:垂直村落(迪拜)

迪拜的垂直村落设计的精髓在于如何在最大化收获太阳能的同时保持建筑物凉爽。虽然该实例主要展示了太阳能的应用,但其中也融入了风力发电的元素。通过优化建筑外形和布局,垂直村落能够利用周围的风力进行发电,进一步提高了建筑的能源自给自足能力。

(三)太阳能与风能的综合应用实例:芝加哥太阳能大厦

芝加哥太阳能大厦几乎全部被太阳追踪太阳能电池板所覆盖,这些电池板就像向日葵一样追随太阳的移动。同时,该大厦还配备了风力发电装置,以进一步补充太阳能发电的不足。这种综合应用太阳能和风能的设计不仅提高了建筑的能源自给自足能力,还展示了可再生能源在建筑中的广泛应用前景。

三、可再生能源应用技术的研发与推广策略

（一）技术研发策略

1.跨学科融合与技术创新

可再生能源应用技术的研发需要跨学科融合与技术创新。这包括材料科学、电子工程、机械工程、环境科学等多个领域的交叉合作。例如，在太阳能光伏领域，新型高效太阳能电池的研发需要材料科学家开发高性能的光电转换材料，电子工程师设计高效的电路和控制系统，机械工程师优化电池组件的结构和制造工艺。此外，环境科学家还需要评估新型太阳能电池的环境影响和可持续性。

2.产学研用协同创新

产学研用协同创新是推动可再生能源应用技术研发的重要途径。通过加强高校、科研机构、企业和用户的紧密合作，可以形成从基础研究到应用开发的完整创新链条。高校和科研机构负责基础研究和关键技术突破，企业提供资金、设备和市场反馈，用户则提出实际需求和应用场景。这种协同创新模式可以加速可再生能源应用技术的研发和商业化进程。

3.国际合作与交流

可再生能源应用技术的研发需要国际合作与交流。各国在可再生能源领域的研究和应用各有特色，通过加强国际合作与交流，可以共享研究成果、技术和经验，推动全球可再生能源应用技术的共同进步。例如，中国可以与欧洲国家在海上风电领域开展合作，与美国在太阳能光伏领域开展合作，与非洲国家在生物质能领域开展合作等。

（二）技术推广策略

1.政策支持与引导

政策支持与引导是推广可再生能源应用技术的关键。政府可以通过制定相关政策和法规，为可再生能源应用技术的研发和推广提供政策保障。例如，中国已经出台了一系列支持可再生能源发展的政策，包括上网电价补贴、税收优惠、贷款支持等。这些政策降低了可再生能源应用技术的投资成本，提高了其经济竞争力。

2.市场机制与激励措施

市场机制与激励措施也是推广可再生能源应用技术的重要手段。政府可以通过建立可再生能源交易市场、实施绿色证书制度、提供可再生能源配额等方式,引导企业和个人积极参与可再生能源的应用。此外,政府还可以通过设立奖励基金、提供研发补贴等方式,激励企业和科研机构加大可再生能源应用技术的研发力度。

3.示范项目与案例推广

示范项目与案例推广是推广可再生能源应用技术的有效途径。政府可以选择一些具有代表性的地区和行业,建设可再生能源示范项目,展示可再生能源应用技术的优势和效果。例如,在建筑行业,可以建设太阳能光伏屋顶、风力发电塔等示范项目,展示可再生能源在建筑节能和能源供应方面的应用潜力。同时,通过媒体宣传、展览展示等方式,将成功的示范项目案例推广到其他地区和行业,带动可再生能源应用技术的广泛应用。

4.公众教育与意识提升

公众教育与意识的提升是推广可再生能源应用技术的基础。政府可以通过各种渠道和形式加强可再生能源应用技术的宣传和教育,提高公众对可再生能源的认知和接受度。例如,可以通过电视、广播、报纸等传统媒体以及互联网、社交媒体等新媒体平台,普及可再生能源应用技术的知识和应用效果。同时,还可以组织各种形式的可再生能源科普活动、展览等,增强公众对可再生能源的信心和认可度。

(三)技术研发与推广策略的协同作用

技术研发与推广策略的协同作用是推动可再生能源应用技术发展的关键。技术研发为技术推广提供了技术支撑和创新动力,技术推广则为技术研发提供了市场需求和应用场景。两者相辅相成、相互促进,共同推动了可再生能源应用技术的不断发展和广泛应用。

具体来说,技术研发可以不断提高可再生能源应用技术的效率和可靠性,降低其投资成本和使用成本,增强其市场竞争力。同时,技术研发还可以为可再生能源应用技术的创新提供新的思路和方法,推动其不断升级换代。而技术推广则可以将先进的可再生能源应用技术应用到实际生产和生活中,发挥其节能减排和环保效益。通过市场推广和示范项目，可以吸引更多的企业和个人参与可再生能源的应用，进一步扩大其市场份额和应用范围。

在实际操作中，技术研发与推广策略的协同作用需要政府、企业、科研机构和社会各界的共同努力。政府应制定科学合理的政策支持和引导措施，为可再生能源应用技术的研发和推广提供政策保障；企业应积极参与可再生能源应用技术的研发和应用，推动其商业化进程；科研机构应加强基础研究和关键技术突破，为可再生能源应用技术的创新提供科技支撑；社会各界应加强宣传和教育，提高公众对可再生能源的认知和接受度。

此外，技术研发与推广策略的协同作用还需要通过加强国际合作与交流。各国在可再生能源领域的研究和应用各有特色，通过加强国际合作与交流，可以共享研究成果、技术和经验，推动全球可再生能源应用技术的共同进步。例如，中国可以与欧洲国家在海上风电领域开展合作，共同攻克海上风电技术难题；与美国在太阳能光伏领域开展合作，共同推动太阳能光伏技术的创新和发展；与非洲国家在生物质能领域开展合作，共同探索生物质能的应用潜力和市场前景等。

四、可再生能源在建筑节能中的未来发展趋势

（一）技术创新与多元化发展

未来，可再生能源技术将持续创新，推动其在建筑节能中的多元化应用。光伏技术作为可再生能源的代表，将不断提高转换效率和降低成本，使得光伏建筑一体化（BIPV）成为可能。新型高效光伏材料，如钙钛矿太阳能电池、量子点太阳能电池等，将有望突破传统硅基太阳能电池的效率极限，为建筑提供更多、更清洁的能源。

同时，风力发电技术也将逐渐微型化和多样化，以适应建筑环境的需求。微型风力发电机可以安装在建筑的屋顶、墙面或阳台等位置，为建筑提供辅助电力。此外，地热能、生物质能等可再生能源也将逐渐在建筑节能中得到应用。地源热泵系统可以利用地下浅层地热资源为建筑提供供暖和制冷服务，而生物质能则可以通过燃烧或发酵等方式转化为电能或热能，为建筑提供可持续的能源供应。

(二)与建筑一体化深度融合

未来,可再生能源将与建筑实现更深度的融合,形成一体化的能源系统。光伏建筑一体化技术将进一步发展,光伏电池将不再仅仅是建筑上的附加物,而是成为建筑的一部分,如光伏瓦片、光伏幕墙等,既具有发电功能,又具有美观性。这种一体化的设计不仅提高了建筑的能源利用效率,还降低了建筑的整体成本。

智能微电网系统也将成为建筑能源管理的重要组成部分。通过集成太阳能、风能等可再生能源和储能设备,智能微电网系统可以为建筑提供可靠的电力供应,并实现与电网的互动。在电力充足时,建筑可以将多余的电力卖给电网;在电力不足时,建筑可以从电网购买电力,从而实现电力的优化配置和高效利用。

(三)政策支持与市场化机制

政府政策的支持将是推动可再生能源在建筑节能中应用的重要动力。未来,政府将继续出台一系列优惠政策,如财政补贴、税收优惠等,鼓励企业和个人在建筑中应用可再生能源技术。同时,政府还将加强对可再生能源技术研发和推广工作的支持,推动技术不断创新和突破。

市场化机制也将逐渐完善,为可再生能源在建筑节能中的应用提供有力保障。随着可再生能源电力交易市场的逐渐成熟,建筑可以通过出售多余的电量获得收益,降低能源成本。同时,绿色建筑认证体系的建立也将推动可再生能源在建筑节能中的应用。获得绿色建筑认证的建筑将更容易获得市场的认可和消费者的青睐,从而提高建筑的市场价值。

此外,公众意识的提升也将推动可再生能源在建筑节能中的应用。随着环保理念的普及,越来越多的人开始关注建筑的能源利用效率和环保性能。选择使用可再生能源的建筑将成为一种时尚和趋势,推动可再生能源在建筑节能中的广泛应用。

(四)国际合作与交流加强

未来,国际合作与交流将在推动可再生能源在建筑节能中的应用中发挥重要作用。各国可以通过分享和交流可再生能源在建筑节能中的最新技术和应用经验,共同推动技术的创新和发展。同时,国际合作项目也将成为推动可再生能源在建筑节能中的应用的重要途径。通过共同建设示范项目、开展联合研究等方式,各国可以加强可再生能源在建筑节能中的合作与交流,共同推动全球能源结构的转变和环保理念的普及。

第五节　建筑减碳新技术与可持续发展

一、建筑减碳新技术的研发背景与意义

（一）研发背景

随着全球经济的快速发展和城市化进程的加速推进,建筑行业作为能源消耗和碳排放的主要领域之一,其减碳工作显得尤为重要。据统计,全球建筑行业占全球能源消耗总量的近40%,同时直接或间接地排放大量的温室气体,对全球气候变化产生不可忽视的影响。在当前全球气候变化日益严重的背景下,减少建筑行业碳排放已成为全球共识和迫切需求。

各国政府纷纷出台相关政策支持和激励措施,鼓励建筑节能降碳。美国、中国等国也相继颁布了建筑节能标准,鼓励建筑业采用更加环保和节能的技术和材料。这些政策为建筑减碳新技术的研发提供了强大的政策支持和市场需求。

此外,随着人们环保意识的增强,越来越多的消费者和企业开始重视建筑的环保性能,愿意为环保型建筑买单。在一些发达国家和地区,绿色建筑已成为建筑市场的主流,其市场占有率不断提升。这种市场趋势为建筑减碳新技术的研发提供了广阔的市场空间。

（二）研发意义

1.应对全球气候变化

建筑减碳新技术的研发和应用是应对全球气候变化的重要途径。通过减少建筑行业的碳排放,可以降低其对大气中温室气体的贡献,从而减缓全球气候变暖的速度。这有助于保护地球环境和生态平衡,为后代留下一个更加宜居的地球。

2. 推动建筑行业可持续发展

建筑减碳新技术的研发有助于推动建筑行业的可持续发展。传统建筑模式往往以高能耗、高排放为代价,而绿色建筑和低碳建筑则更加注重能源的高效利用和环境的保护。通过研发和应用建筑减碳新技术,可以实现建筑行业的转型升级,提高产业的核心竞争力。

3. 提高建筑物使用效率和经济效益

建筑减碳新技术的研发和应用可以提高建筑物的使用效率和经济效益。通过优化建筑设计、采用高效节能的建筑材料和设备、引入智能化控制系统等措施,可以大幅度降低建筑物的运营成本,包括能源消耗、维护费用等。这有助于提高建筑物的使用效率,增加其经济效益。

4. 改善人类居住环境

建筑减碳新技术的研发和应用有助于改善人类居住环境。绿色低碳建筑通过科学的整体设计,集成绿色配置、自然通风、自然采光、低能耗围护结构、新能源利用、中水回用、绿色建材和智能控制等高新技术,具有选址规划合理、资源利用高效循环、节能措施综合有效、建筑环境健康舒适、废物排放减量无害、建筑功能灵活适宜等特点。这些特点使得绿色低碳建筑能够提供更加舒适、健康、宜居的居住环境。

5. 促进技术创新和产业发展

建筑减碳新技术的研发和应用可以促进技术创新和产业发展。通过不断研发和应用新的节能技术、材料和设备,可以推动建筑行业的技术进步和产业升级。同时,这也可以为相关产业链的发展提供新的机遇和动力,促进经济的持续增长。

6. 提升国家形象和国际竞争力

建筑减碳新技术的研发和应用有助于提升国家形象和国际竞争力。通过积极推动建筑节能降碳工作,可以展示我国在应对全球气候变化方面的决心和行动,提升国际形象和地位。同时,这也有助于我国建筑行业走向国际化,增强国际竞争力。

7. 促进能源结构优化和能源安全

建筑减碳新技术的研发和应用有助于促进能源结构优化并保障能源安全。通过减少对化石能源的依赖,增加可再生能源的利用比例,可以实现能源结构的优化和能源供应的多元化。这有助于降低能源安全风险,提高能源供应的稳定性和可靠性。

二、建筑减碳新技术的种类与应用前景分析

(一)建筑减碳新技术的种类

1.高性能保温隔热材料

高性能保温隔热材料是建筑减碳的基础。这些材料通过提高建筑物的保温隔热性能,有效减少了冷热负荷,从而降低了建筑物的能耗。例如,气凝胶、真空隔热板(VIP)等新型保温材料以其出色的隔热性能和材料厚度最小化而受到青睐。它们能够在保证建筑保温效果的同时,减轻建筑自重,增加可用楼板面积。

2.高效能源利用系统

高效能源利用系统通过优化建筑的能源供应和使用方式,实现了能源的高效利用。例如,地源热泵和空气源热泵技术通过吸收土壤或空气中的低品位热能供暖制冷,能效比传统空调高40%以上。光伏建筑一体化(BIPV)技术则将太阳能电池板直接嵌入建筑外墙或屋顶,既发电又隔热,实现了能源的自给自足。

3.可再生能源整合技术

可再生能源整合技术将风能、太阳能等可再生能源与建筑物紧密结合,为建筑提供了清洁、可再生的能源。这些技术不仅能够减少建筑对化石能源的依赖,还能够减少建筑物的碳排放。例如,风力发电系统可以在风力资源丰富的地区为建筑提供稳定的电力供应,而太阳能光伏系统则可以在日照充足的地区为建筑提供清洁的电力。

4.智能化建筑管理系统

智能化建筑管理系统通过集成物联网、大数据、人工智能等技术,实现了对建筑能耗的实时监测和优化管理。这些系统能够根据室内外环境条件、人员活动情况等因素,自动调节照明、空调等设备的运行状态,从而达到节能减碳的目的。例如,智能照明系统可以根据光照情况自动调节照明亮度,而智能空调系统则可以根据室内温度和人员数量自动调节空调运行。

5.新型建筑材料与结构

新型建筑材料与结构在减碳方面也发挥着重要作用。例如,石墨烯建材不仅强度高,还能通过热传导调控室内温度,减少能源消耗。装配式木结构建筑则通过预制化、模块化的生产方式,减少了施工废弃物和碳排放。同时,低碳混凝土等新型建筑材料也通过利用工业固废替代水泥等方式,降低了生产过程中的碳排放。

(二)建筑减碳新技术的应用前景分析

1.在新建建筑中的应用前景

在新建建筑中,建筑减碳新技术将成为标配。未来,新建建筑将更加注重节能减碳和可持续发展,通过采用高性能保温隔热材料、高效能源利用系统、可再生能源整合技术、智能化建筑管理系统以及新型建筑材料与结构等措施,实现建筑能耗的大幅降低和碳排放的有效控制。同时,这些新技术还将与绿色建筑标准相结合,推动建筑行业向更加绿色、低碳、可持续的方向发展。

2.既有建筑改造升级中的应用前景

在既有建筑改造升级中,建筑减碳新技术也将发挥重要作用。随着城市化进程的加速推进,大量既有建筑面临着能耗高、碳排放量大等问题。通过采用建筑减碳新技术对既有建筑进行改造升级,不仅可以降低建筑物的能耗和碳排放,还能够提高建筑物的使用效率和舒适度。例如,通过采用地源热泵和空气源热泵技术替代传统空调系统,可以实现既有建筑供暖和制冷的能效提升;通过采用智能化建筑管理系统对既有建筑进行能效监测和优化管理,可以实现既有建筑能耗的大幅降低。

3.政策与市场驱动下的应用前景

政策与市场驱动也将推动建筑减碳新技术的广泛应用。随着全球气候变化和能源转型的加速推进,各国政府纷纷出台相关政策支持和激励建筑减碳新技术的研发与应用。例如,中国明确提出到2025年城镇新建建筑全面执行绿色建筑标准的目标,并将超低能耗建筑作为重点发展方向。这些政策的出台将为建筑减碳新技术的研发与应用提供强大的政策支持和市场需求。同时,随着消费者环保意识的增强和绿色建筑市场的不断扩大,建筑减碳新技术的市场需求也将持续增长。

4.技术创新与产业升级带动下的应用前景

技术创新与产业升级也将带动建筑减碳新技术的广泛应用。随着科技的不断进步和产业的不断升级，建筑减碳新技术将不断涌现和完善。这些新技术将更加注重节能减碳和可持续发展，同时也将更加注重用户体验和舒适度。这将为建筑减碳新技术的广泛应用提供更加广阔的市场空间和发展机遇。

三、建筑减碳新技术对可持续发展的贡献探讨

（一）促进能源结构的优化与转型

建筑减碳新技术在能源利用方面的创新，极大地促进了能源结构的优化与转型。传统的建筑行业高度依赖化石能源，这不仅加剧了能源危机，还导致了大量温室气体的排放。而建筑减碳新技术，如太阳能光伏技术、地热利用技术、风能技术等，为建筑提供了清洁、可再生的能源选择。

例如，太阳能光伏技术可以将太阳光能转化为电能，为建筑提供电力。随着太阳能光伏板转换效率的不断提升和成本的持续下降，其在建筑领域的应用越来越广泛。地热能利用技术则通过地源热泵等系统，将地下的低温热能提取出来，用于建筑的供暖和制冷。风能技术则在风力资源丰富的地区，通过风力发电为建筑提供电力。

这些可再生能源技术的应用，不仅减少了建筑对化石能源的依赖，降低了碳排放，还有助于推动能源结构的优化和转型。随着可再生能源技术的不断发展和完善，建筑行业将逐渐实现能源的自给自足和清洁化，为可持续发展奠定坚实的基础。

（二）提升建筑能效与降低碳排放

建筑减碳新技术在提升建筑能效和降低碳排放方面发挥了重要作用。通过采用高效节能的建筑材料、设备和系统，建筑减碳新技术能够显著降低建筑的能耗和碳排放。

例如，高性能保温隔热材料的应用可以有效减少建筑的冷热负荷，降低空调和供暖系统的能耗。高效节能的照明和空调系统，如LED照明和变频空调，通过提高能源利用效率，进一步降低了建筑的能耗。智能建筑管理系统则通过集成物联网、大数据和人工智能技术，实现对建筑能耗的实时监测和优化

管理，确保建筑在最佳状态下运行。

此外，建筑减碳新技术还包括零碳建筑和近零碳建筑的设计和施工。这些建筑通过采用先进的节能技术和可再生能源系统，实现了建筑能耗的极低甚至零碳排放。这些建筑不仅为居住者提供了舒适、健康的居住环境，还为可持续发展做出了积极贡献。

（三）推动绿色建筑与生态城市的构建

建筑减碳新技术在推动绿色建筑和生态城市构建方面发挥了重要作用。绿色建筑是指在建筑设计、施工、运营等全过程中，充分考虑节能、环保、可持续发展等因素，力求降低对环境的影响。而生态城市则是以生态学原理为指导，通过优化城市空间结构、提高资源利用效率、改善生态环境等措施，实现城市与自然的和谐共生。

建筑减碳新技术为绿色建筑和生态城市的构建提供了有力支撑。例如，绿色建材的应用可以减少建筑材料的生产和使用过程中的碳排放和环境污染。生态屋顶和绿化墙体的设计则通过增加绿色植被覆盖率，提高了城市的绿化率和生态功能。智能建筑管理系统则通过集成多种环保技术和措施，实现了对建筑能耗的实时监测和优化管理，为生态城市的构建提供了有力保障。

随着绿色建筑和生态城市理念深入人心，建筑减碳新技术将得到更广泛的应用和推广。这不仅有助于提升城市的整体环境质量和居民的生活质量，还将为城市的可持续发展注入新的活力。

（四）促进经济结构的优化与升级

建筑减碳新技术在促进经济结构优化升级方面也发挥了重要作用。随着全球对可持续发展的重视程度不断提高，绿色建筑和生态城市已成为未来城市发展的重要方向。这将带动相关产业的快速发展和升级。

例如，太阳能光伏产业、地热能利用产业、风能产业等可再生能源产业将得到更快速的发展。同时，与绿色建筑和生态城市相关的设计、施工、运营等产业链也将得到进一步完善和升级。这些产业的发展不仅将带动相关就业和经济增长，还将为可持续发展提供新的动力。

此外，建筑减碳新技术的应用还将推动传统建筑行业的转型升级。传统建筑行业往往以高能耗、高排放为代价，而建筑减碳新技术的应用则要求建筑行业在设计、施工、运营等全过程中充分考虑节能、环保、可持续发展等因素。这将推动建筑行业向更加绿色、低碳、可持续的方向发展。

(五)增强公众环保意识与参与感

建筑减碳新技术在增强公众环保意识与参与感方面也发挥了重要作用。随着绿色建筑和生态城市理念深入人心,越来越多的公众开始关注建筑的环保性能和可持续发展问题。建筑减碳新技术的应用则为公众提供了更多参与环保行动的机会和途径。

例如,太阳能光伏板、风力发电设备等可再生能源技术的应用,不仅为建筑提供了清洁的能源供应,还让公众更加直观地感受到了可再生能源的魅力和优势。此外,一些绿色建筑和生态城市项目还通过开放日、科普讲座等形式,向公众普及环保知识和绿色建筑理念,提高公众的环保意识和参与度。

随着公众环保意识的不断提高和参与度的增强,建筑行业将更加注重环保性能和可持续发展。这将进一步推动建筑减碳新技术的研发和应用,为可持续发展贡献更多力量。

四、建筑减碳新技术的推广与实施路径研究

(一)政策引导

政策引导是建筑减碳新技术推广的基石。政府应制定明确的政策框架,为新技术的发展提供方向和支持。首先,政府需出台相关法律法规,设定建筑行业的碳排放标准,强制要求新建建筑和既有建筑改造达到一定的节能减碳标准。同时,通过财政补贴、税收优惠等激励措施,鼓励企业研发和应用建筑减碳新技术。

政策的制定应注重前瞻性和可操作性。政府应密切关注国际建筑减碳技术的最新动态,结合本国实际情况,制定具有前瞻性的政策目标。同时,政策应具体、可行,便于企业和相关部门操作执行。此外,政府还应加强政策宣传,提高公众对建筑减碳新技术的认知度和接受度。

(二)市场机制

市场机制是建筑减碳新技术推广的内在动力。政府应建立健全碳排放交易市场,通过市场机制引导企业降低碳排放。在碳排放交易市场中,企业可以

通过采用建筑减碳新技术减少碳排放量，从而获得碳排放配额的富余，进而在市场中交易获利。

除了碳排放交易市场，政府还可以通过绿色金融工具，如绿色信贷、绿色债券等，为建筑减碳新技术的研发和应用提供资金支持。同时，政府应鼓励社会资本投入建筑减碳领域，形成多元化的投资机制。市场机制的完善将激发企业的创新活力，推动建筑减碳新技术的商业化应用。

（三）技术创新

技术创新是建筑减碳新技术推广的核心。政府应加大对建筑减碳新技术研发的支持力度，鼓励企业、高校和科研机构开展合作研发。在技术研发过程中，应注重技术的实用性和经济性，确保新技术能够在实际应用中发挥减碳效果，同时降低建筑成本。

为了加速新技术的商业化应用，政府应选取一批具有示范意义的建筑项目，开展建筑减碳新技术的试点应用。通过试点应用，积累新技术应用的经验和数据，为新技术的大规模推广提供有力支撑。同时，政府还应加强对新技术知识产权的保护，鼓励企业加大研发投入，提升其核心竞争力。

（四）公众教育

公众教育对于建筑减碳新技术的推广至关重要。政府应加强对公众的环保宣传教育，提高公众的环保意识和参与度。通过媒体宣传、公益广告等多种方式，向公众普及建筑减碳新技术的知识和重要性，引导公众积极参与建筑减碳行动。

同时，政府还应加强对建筑行业从业人员的培训和教育。通过培训和教育，提高从业人员的环保意识和专业技能，确保他们能够熟练掌握和应用建筑减碳新技术。此外，政府还可以鼓励公众参与建筑减碳项目的监督和评估，增强公众对建筑减碳工作的信任和支持。

（五）国际合作

国际合作是建筑减碳新技术的推广的重要途径。政府应积极参与国际建筑减碳合作与交流，借鉴国际先进经验和技术成果。通过与国际组织和其他国家开展合作，共同推动建筑减碳新技术的研发和应用，形成国际合力。

在国际合作中，政府应鼓励国内企业参与国际建筑减碳项目和技术竞争，提升国内企业在国际市场的影响力和竞争力。同时，政府还应加强与国际科研机构的合作，共同开展建筑减碳新技术的研发和创新。

第六节　既有公共建筑节能改造与合同能源管理

一、既有公共建筑节能改造的必要性与现状分析

（一）既有公共建筑节能改造的必要性

1. 应对能源危机与环境保护的需求

随着全球能源需求的不断增长和能源资源的日益紧张，能源危机已成为制约经济社会发展的重要因素。同时，能源消耗是温室气体排放和环境污染的主要来源之一。公共建筑作为能源消耗的大户，其能效水平直接关系到国家能源安全和环境保护目标的实现。通过节能改造，可以有效降低公共建筑的能源消耗，减少碳排放，从而缓解能源压力，保护生态环境。

2. 提升建筑使用功能与居住品质

既有公共建筑往往建造年代较早，设计标准和技术水平相对较低，导致在使用过程中存在诸多不便和安全隐患。通过节能改造，可以提升建筑的使用功能，如改善室内环境、提高采光和通风效果等，从而提升居住和工作的舒适度。同时，节能改造还可以延长建筑的使用寿命，提高建筑的经济价值。

3. 推动经济转型升级与绿色发展

节能改造不仅是建筑业的内部调整，更是推动经济转型升级、实现绿色发展的重要途径。通过节能改造，可以带动节能材料、节能设备、节能服务等相关产业的发展，形成新的经济增长点。同时，节能改造还可以促进建筑业的绿色化、智能化转型，提高建筑行业的整体竞争力。

4. 提高公众节能意识与参与度

公共建筑作为政府和社会服务的窗口，其节能改造具有重要的示范效应。通过节能改造，可以提高公众对节能减排的认知和参与度，形成良好的社会氛围。这将有助于推动全社会形成节能减排的良好习惯，为实现低碳发展目标

贡献力量。

(二)既有公共建筑节能改造的现状分析

1.能源消耗现状与节能潜力

既有公共建筑在能源消耗方面存在诸多问题。一方面,由于建造年代较早,设计标准和技术水平相对较低,导致建筑能效水平不高。另一方面,随着城市化进程的加速和公共服务需求的不断增加,公共建筑的能源消耗也在逐年上升。据统计,我国公共建筑能耗占全部建筑能耗的38%,是建筑能耗中比例最高的一部分。然而,这也意味着既有公共建筑具有巨大的节能潜力。通过节能改造,可以有效降低能源消耗,减少碳排放。

2.节能改造技术与应用情况

目前,既有公共建筑节能改造的技术手段已经相对成熟。这些技术主要包括建筑围护结构改造、暖通空调系统优化、照明系统改造、可再生能源利用等。其中,建筑围护结构改造是提高建筑能效的关键环节之一。通过增加保温材料、更换高性能节能门窗等措施,可以显著提高外墙和门窗的保温隔热性能,减少热量损失。暖通空调系统优化也是节能改造的重要内容之一。通过采用高效节能的暖通空调设备、优化系统设计和运行参数等措施,可以显著提高系统的能效水平。照明系统改造则主要通过更换高效光源和引入智能照明控制系统来实现节能效果。可再生能源利用方面,太阳能光伏和地热能利用等技术已经逐渐成熟并得到广泛应用。

然而,在实际应用过程中,节能改造技术仍面临诸多挑战。一方面,由于既有公共建筑数量庞大、类型多样,节能改造的技术难度和复杂性较高;另一方面,由于节能改造需要投入大量的资金和技术力量,部分业主和管理者缺乏改造的积极性和动力。

3.政策引导与支持情况

为了推动既有公共建筑节能改造工作的开展,我国政府已经出台了一系列政策措施。这些政策主要包括财政补贴、税收优惠、信贷支持等激励措施,以及相关法律法规和标准规范的制定和完善。这些政策措施为节能改造提供了有力的法律保障和技术支持,激发了业主和管理者的改造积极性。

然而,在实际执行过程中,政策引导与支持仍存在诸多不足。一方面,由于政策制定和执行存在滞后性，导致部分业主和管理者无法及时享受到政策红利；另一方面，由于政策执行力度和监管力度不够，导致部分业主和管理者存在违规操作和不正当竞争行为。

4.市场机制与商业模式

市场机制在既有公共建筑的节能改造中发挥着重要作用。通过市场机制，可以激发企业的创新活力，推动新技术的研发和应用。同时，市场机制还可以促进资源的优化配置和高效利用，提高节能改造的经济效益和社会效益。

然而，在实际运作过程中，市场机制仍存在诸多不完善之处。一方面，节能改造市场尚不成熟，导致市场竞争不充分、价格机制不透明等问题。另一方面，节能改造需要投入大量的资金和技术力量，导致部分中小企业难以承担改造任务，从而限制了市场机制的发挥。

为了推动既有公共建筑节能改造工作的开展，我们需要从多个方面入手。一方面，政府应继续加大政策引导和支持力度，完善相关法律法规和标准规范，激发业主和管理者的改造积极性。另一方面，企业应加强技术研发和创新力度，提高节能改造的技术水平和应用效果。同时，我们还需要加强市场机制建设，完善商业模式创新，推动节能改造市场的健康发展。

二、合同能源管理模式在节能改造中的应用实践

（一）合同能源管理模式的定义与运作机制

合同能源管理是一种基于契约精神的合作模式，其核心在于节能服务公司与用能单位签订能源管理合同，承诺为用能单位提供包括能源诊断、融资、改造、管理等一系列服务，并通过分享节能效益来回收投资和获取相应的利润。这种机制的实质是以减少的能源费用来支付节能项目的全部成本，是一种创新的节能投资方式。

在合同能源管理模式下，节能服务公司首先会对用能单位进行能源审计，找出能源浪费和能效低下的环节。然后，根据审计结果制订节能改造方案，包括技术选型、设备采购、施工安装等。节能改造所需的资金由节能服务公司负责筹集，用能单位无须直接投入大量资金。改造完成后，节能服务公司会与用能单位共同监测节能效果，并根据合同约定的节能效益分享比例来分配节能收益。

(二)合同能源管理模式的优势

1.降低用能单位风险

在传统的节能改造项目中,用能单位需要自行承担项目的资金、技术和实施风险。而在合同能源管理模式下,这些风险大部分由节能服务公司承担,用能单位只需按照合同约定的节能效益分享比例支付费用,大大降低了用能单位的风险。

2.提供专业化服务

节能服务公司通常拥有专业的技术团队和丰富的节能经验,能够为用能单位提供定制化的节能解决方案。这些方案不仅针对性强,而且实施效率高,能够确保节能效果的稳定性和持久性。

3.促进节能技术应用

合同能源管理模式能够激励节能服务公司不断研发和应用新的节能技术。为了获取更大的节能效益和利润,节能服务公司会积极引进和推广先进的节能技术和产品,从而推动节能技术的不断进步和应用。

4.优化资源配置

合同能源管理模式下,节能服务公司会根据用能单位的实际情况和需求,制订最优的节能改造方案,优化资源配置,提高能源利用效率。同时,节能服务公司还会对用能单位进行能源管理培训,提高用能单位的节能意识和管理水平。

(三)合同能源管理模式在节能改造中的实际应用

1.公共建筑照明系统改造

以某政府机关办公楼为例,该办公楼原有的照明系统能耗较高,且存在照明不足和光污染等问题。通过合同能源管理模式,节能服务公司对该办公楼的照明系统进行了全面改造,更换了高效节能的LED灯具,并引入了智能照明控制系统。改造完成后,该办公楼的照明能耗降低了近30%,照明质量也得到了显著提升。

2.中央空调系统优化

某大型医院的中央空调系统存在能耗高、运行效率低等问题。通过合同能源管理模式,节能服务公司对该医院的中央空调系统进行了全面优化,包括更换高效节能的制冷机组、优化系统设计和运行参数等。改造完成后，该医院的中央空调系统能耗降低了近20%，运行效率也得到了显著提升。

3.建筑围护结构改造

某老旧学校的建筑围护结构存在保温隔热性能差、漏风渗水等问题。通过合同能源管理模式，节能服务公司对该学校的建筑围护结构进行了全面改造，增加了保温材料，更换了高性能节能门窗等。改造完成后，该学校的建筑围护结构的保温隔热性能得到了显著提升，室内温度的稳定性也得到了增强。

4.可再生能源利用

某高校为了降低能耗和减少碳排放，决定在校园内建设太阳能光伏发电系统。通过合同能源管理模式，节能服务公司负责该项目的投资、建设和运营。建设完成后，该高校的太阳能光伏发电系统每年可发电数十万千瓦时，为校园提供了稳定可靠的清洁能源。

三、既有公共建筑节能改造的技术选择与实施策略

（一）既有公共建筑节能改造的技术选择

1.围护结构节能技术

围护结构是建筑能耗的主要部分，其节能改造对于降低整体能耗至关重要。对于公共建筑而言，外墙、屋顶和门窗的保温隔热性能是关键。外墙保温技术可以采用岩棉、玻璃棉、聚苯乙烯塑料等高效保温材料，通过粘贴、喷涂等方式固定在墙体表面，形成连续的保温层。屋顶保温则可以采用架空型保温屋面、浮石沙保温屋面和倒置型保温屋面等技术，提高屋顶的保温隔热性能。门窗的节能改造则包括增加窗玻璃层数、使用低辐射玻璃（Low-E玻璃）、加装门窗密封条等措施，以减少室内外热传导。

2.暖通空调系统节能技术

暖通空调系统是公共建筑能耗的主要来源之一。其节能改造技术主要包括采用高效节能的制冷机组和空调末端设备、优化系统设计和运行参数、引入智能控制系统等。例如，可以采用空气源热泵技术替代传统的燃气锅炉供暖，减少碳排放；通过变频技术调节空调系统的运行频率，根据室内外温度和人员活动情况自动调整送风量和送风温度，提高系统的能效比；引入楼宇自控系统，实现对空调系统的远程监控和智能调节，进一步提高能效。

3.照明系统节能技术

照明系统也是公共建筑能耗的重要组成部分。其节能改造技术主要包括采用高效节能的光源和灯具，优化照明系统布局，引入智能照明控制系统等。例如，可以采用LED灯具替代传统的白炽灯和荧光灯，LED灯具的能效远高于传统光源，且使用寿命长、维护成本低；通过优化照明系统布局，确保光线均匀分布，减少照明盲区，提高照明效率；引入智能照明控制系统，根据室内外光线强度和人员活动情况自动调整照明亮度和开关状态，实现按需照明。

4.可再生能源利用技术

可再生能源的利用是公共建筑节能改造的重要方向之一。对于公共建筑而言，太阳能、风能等可再生能源的利用具有广阔的前景。例如，可以在公共建筑的屋顶和立面上安装太阳能光伏板，将太阳能转化为电能供建筑使用；在热水供应系统中采用太阳能集热器，利用太阳能加热热水；在风力资源丰富的地区，可以考虑安装小型风力发电设备，为建筑提供辅助电力。

（二）既有公共建筑节能改造的实施策略

1.开展全面的能源审计

在节能改造前，应对公共建筑进行全面的能源审计，了解建筑的能耗现状和节能潜力。能源审计应包括建筑围护结构的保温隔热性能、暖通空调系统的能效比、照明系统的照明效率和可再生能源的利用情况等方面。通过能源审计，可以明确节能改造的重点和方向，为制定节能改造方案提供依据。

2.制订科学合理的节能改造方案

在能源审计的基础上，应制订科学合理的节能改造方案。节能改造方案应充分考虑建筑的实际情况和需求，选择适合的节能技术和产品。同时，应充分考虑节能改造的经济性和可行性，确保节能改造方案能够顺利实施并取得预期效果。

3.加强节能改造过程中的质量控制

在节能改造过程中，应加强对施工质量的控制和管理。应严格按照节能改造方案进行施工，确保施工质量和进度。同时，应加强对施工人员的培训和管理，提高其节能改造意识和技能水平。此外，还应加强对施工过程的监督和检查，及时发现和解决问题，确保节能改造工程的质量。

4.引入智能控制系统

智能控制系统是提高公共建筑节能效果的重要手段之一。通过引入智能控制系统,可以实现对建筑内部环境的精确调控和优化管理。例如,可以通过楼宇自控系统实现对暖通空调系统、照明系统、安防系统等的远程监控和智能调节,通过智能照明控制系统实现对照明系统的自动控制和节能管理。智能控制系统的引入可以进一步提高公共建筑的能效比和管理水平。

5.注重节能改造后的运营管理

节能改造完成后,应加强对建筑的运营管理,确保节能改造效果的持续性和稳定性。应建立完善的节能管理制度和运营机制,明确节能管理责任和职责分工。同时,应加强对建筑内部环境的监测和分析,及时发现和解决节能改造后可能出现的问题。此外,还应加强对建筑使用者的节能宣传和培训,提高其节能意识和参与度。

6.推动节能改造技术的研发和应用

政府和企业应加大对节能改造技术的研发和应用力度,推动节能改造技术的不断进步和创新。应鼓励企业开展节能改造技术的研发和应用示范项目,提高节能改造技术的成熟度和可靠性。同时,应加强对节能改造技术的宣传和推广力度,提高公众对节能改造技术的认知度和接受度。

四、合同能源管理模式的优化与创新方向探讨

(一)合同能源管理模式的优化方向

1.增强合同灵活性

传统合同能源管理合同往往具有较长的合同期限和固定的收益分享比例,这在一定程度上限制了节能服务公司和用能单位的灵活性。为了应对市场变化和技术进步带来的挑战,合同能源管理合同应增强灵活性,允许双方根据实际情况调整合同期限、收益分享比例等条款。例如,可以采用"滑动窗口"机制,根据节能项目的实际运行效果动态调整合同期限和收益分享比例。

2.提升服务质量与透明度

节能服务公司作为合同能源管理模式的关键参与方,其服务质量和透明度直接影响用能单位的满意度和信任度。因此,节能服务公司应不断提升自身的服务质量和透明度,通过建立健全的服务体系、加强内部管理、提高员工

素质等措施，确保为用能单位提供高效、专业、可靠的节能服务。同时，节能服务公司还应加强与用能单位的沟通和交流，定期向用能单位报告节能项目的运行情况和节能效益，增强用能单位的信任感和参与感。

3.加强风险管理与控制

合同能源管理模式涉及节能项目的融资、设计、实施、运营等多个环节，存在多种潜在风险。为了降低风险对合同能源管理项目的影响，节能服务公司应加强风险管理与控制，建立健全风险评估体系、风险预警机制和风险应对措施。例如，可以采用多元化的融资渠道降低融资风险，通过引入第三方机构进行节能量审核和评估降低技术风险，通过购买保险等方式降低运营风险。

(二)合同能源管理模式的创新方向

1.拓展服务领域与范围

传统合同能源管理模式主要集中于建筑、工业等领域的节能改造项目。随着市场的不断发展和成熟，合同能源管理模式应逐步拓展服务领域与范围，涵盖交通、农业、商业等多个领域。同时，节能服务公司还应根据用能单位的具体需求，提供个性化的节能服务方案，以满足用能单位的多样化需求。

2.融合新兴技术与手段

随着物联网、大数据、人工智能等新兴技术的不断发展，合同能源管理模式应逐步融合这些新兴技术与手段，提高节能服务的智能化和自动化水平。例如，可以通过物联网技术实现对节能项目的远程监控和智能调节；通过大数据技术挖掘节能项目的运行数据和节能潜力；通过人工智能技术优化节能服务方案和提高节能效率等。

3.创新商业模式与盈利机制

传统合同能源管理模式主要采用节能效益分享型、节能量保证型等商业模式。为了应对市场变化和技术进步带来的挑战，合同能源管理模式应逐步创新商业模式与盈利机制。例如，可以采用融资租赁模式降低用能单位的初始投资成本；通过引入第三方机构进行节能量审核和评估来降低节能服务公司的技术风险；通过开发节能服务产品实现盈利多元化等。

4.推动政策创新与法规完善

政府作为合同能源管理模式的重要推动者，应积极推动政策创新与法规完善，为合同能源管理模式的优化与创新提供有力的政策支持和法律保障。例如，可以出台更多的财政补贴、税收优惠和贷款支持等政策措施，降低节能服务公司和用能单位的成本和风险；通过完善相关法律法规和标准规范，规范合同能源管理市场的竞争秩序并保障各方合法权益。

第四章 公共建筑能耗分项计量监测系统

第一节 节能原理

一、分项计量系统的节能原理

(一)公共建筑能耗分项计量系统的基本概念

公共建筑能耗分项计量系统是指通过对建筑内各类能源(如电、水、燃气、冷热量等)进行分类计量和实时监测,将能源消耗数据细化到具体的用能设备或区域,从而实现对建筑能耗的精细化管理。该系统通常包括能耗计量仪表、数据采集与传输设备、数据分析与处理软件等组成部分。

(二)公共建筑能耗分项计量系统的节能原理

1.精准计量,发现节能潜力

公共建筑能耗分项计量系统的核心在于其精准计量能力。通过安装高精度的能耗计量仪表,系统能够实时采集建筑内各类能源的消耗数据,并将其细化到具体的用能设备或区域。这种精细化的计量方式使得节能管理人员能够清晰地了解每个用能设备或区域的能耗情况,从而发现节能潜力。例如,通过对比不同区域的照明能耗,可以发现某些区域的照明能耗过高,进而采取有针对性的节能措施,如更换高效节能灯具、优化照明控制方式等。

2.数据分析,优化用能结构

公共建筑能耗分项计量系统不仅提供精准的能耗数据,还具备强大的数据分析能力。通过对采集到的能耗数据进行深入挖掘和分析,系统能够揭示建筑能耗的内在规律和趋势,为节能改造和管理提供科学依据。例如,通过对比不同季节、不同时段的能耗数据,可以发现某些时段或季节的能耗峰值,进而采取有针对性的节能措施,如调整空调运行策略、优化供暖方式等。此外,系统还可以对各类能源的消耗比例进行分析，找出能源消耗的薄弱环节，为优化用能结构提供指导。

3.实时监测，及时发现问题

公共建筑能耗分项计量系统具备实时监测功能，能够实时反映建筑能耗的动态变化。一旦发现能耗异常或超标情况，系统能够立即发出警报，提醒节能管理人员及时采取措施。这种实时监测机制有助于及时发现和解决能耗问题，防止能源浪费和损失。例如，通过实时监测空调系统的能耗数据，可以发现空调运行过程中的异常能耗情况，如冷量泄漏、风机效率下降等，进而采取有针对性的维修和保养措施，提高空调系统的能效比。

4.科学管理，提高能效水平

公共建筑能耗分项计量系统为节能管理提供了科学依据和有力支持。通过该系统，节能管理人员能够全面了解建筑能耗状况，制订科学合理的节能计划和目标，并跟踪评估节能效果。同时，系统还能够为节能改造和管理提供数据支持，如评估节能改造项目的可行性、监测节能改造后的能耗变化等。这种科学的管理模式有助于提高建筑能效水平，降低能源消耗和碳排放。

二、分项计量在能源管理中的作用分析

（一）提供精准的能耗数据，为节能决策提供科学依据

公共建筑能耗分项计量能够提供详尽、准确的能耗数据，使能源管理者能够清晰地了解建筑内各类能源的消耗情况。这些数据是制定节能策略、评估节能效果的重要依据。通过对能耗数据的深入分析，可以识别出能耗高峰时段、高能耗区域以及高能耗设备，从而有针对性地采取节能措施。例如，如果发现某一区域的照明能耗异常高，就可以考虑更换更节能的灯具或优化照明控制方式。

（二）优化能源结构，提高能源利用效率

公共建筑能耗分项计量有助于发现能源使用中的不合理现象，从而推动能源结构的优化。通过对各类能源消耗数据的对比和分析，可以发现某些能源使用效率低下的问题，进而采取相应措施提高能源利用效率。例如，如果发现空调系统能耗占比较高，就可以考虑采用更高效的空调设备或优化空调系

统的运行策略。此外，通过能耗分项计量，还可以鼓励使用可再生能源，如太阳能、风能等，以减少对传统化石能源的依赖。

(三)促进精细化管理，提升能源管理水平

公共建筑能耗分项计量为能源管理提供了更加精细化的手段。通过对能耗数据的实时监测和分析，可以及时发现能耗异常或浪费现象，并迅速采取措施进行纠正。这种精细化管理的方式有助于提升能源管理的效率和水平，减少不必要的能耗损失。同时，能耗分项计量还可以为能源管理者提供实时的能耗反馈，帮助其更好地掌握能源使用情况，从而做出更加科学合理的决策。

(四)推动节能改造，降低运行成本

公共建筑能耗分项计量是推动节能改造的重要工具。通过对能耗数据的深入分析，可以识别出节能潜力较大的区域和设备，为节能改造提供有针对性的建议。例如，如果发现电梯系统能耗较高，就可以考虑对电梯进行节能改造，如采用变频控制技术等。通过节能改造，可以降低公共建筑的运行成本，提高经济效益。同时，节能改造还有助于提升建筑的环保形象，增强其市场竞争力。

(五)加强能源监管，确保合规运营

公共建筑能耗分项计量也是加强能源监管的重要手段。通过对能耗数据的实时监测和分析，可以及时发现能源使用中的违规行为或安全隐患，确保公共建筑合规运营。例如，如果发现某些区域的燃气使用存在异常波动，就可以及时进行调查和处理，防止安全事故的发生。同时，能耗分项计量还可以为能源监管部门提供有力的数据支持，帮助其更好地履行监管职责。

三、分项计量系统的节能效益评估方法

(一)能耗对比分析法

能耗对比分析法是分项计量系统节能效益评估中最直接、最常用的方法之一。它通过将实施分项计量系统前后的能耗数据进行对比分析，来量化节能效果。具体操作时，需要收集实施分项计量系统前一定时间段内的能耗数据(如一年、半年的数据)，以及实施后相同时间段内的能耗数据。然后，通过对比这两组数据，计算出节能率、节能量等指标，以评估节能效益。

在能耗对比分析法中，需要注意以下几点：一是要确保数据的准确性和完整性，避免数据失真或遗漏对评估结果的影响；二是要选择合适的时间段进行对比，以消除季节、天气等外部因素对能耗的影响；三是要对能耗数据进行标准化处理，以消除不同计量单位、不同设备类型等因素对评估结果的影响。

（二）能效指标评估法

能效指标评估法是通过计算公共建筑的能效指标来评估节能效益的方法。能效指标是反映建筑能源利用效率的重要指标，如单位面积能耗、人均能耗、能源使用强度（EUI）等。通过对比实施分项计量系统前后的能效指标变化，可以量化节能效果。

在能效指标评估方法中，需要注意以下几点：一是要选择合适的能效指标进行评估，以确保评估结果的准确性和可比性；二是要确保数据的准确性和完整性，避免数据失真或遗漏对评估结果的影响；三是要对能效指标进行标准化处理，以消除不同建筑类型、不同使用功能等因素对评估结果的影响。

（三）成本效益分析法

成本效益分析是通过计算节能改造项目的成本效益比来评估节能效益的一种方法。成本效益比是指节能改造项目的节能效益与投资成本之间的比值。通过对比实施分项计量系统前后的成本效益比的变化，可以量化节能效果，并评估节能改造项目的经济可行性。

在成本效益分析法中，需要注意以下几点：一是要准确计算节能改造项目的投资成本，包括设备购置费、安装调试费、运行维护费等；二是要准确计算节能改造项目的节能效益，包括节能量、节能率、节能收益等；三是要考虑节能改造项目的长期效益，如延长设备使用寿命、提高建筑舒适度等。

（四）模拟仿真评估法

模拟仿真评估法是通过建立公共建筑能耗模型，利用模拟仿真技术对节能改造方案进行模拟仿真，以评估节能效益的方法。模拟仿真评估法可以模拟不同节能改造方案在不同工况下的能耗情况，为决策者提供科学依据。

在模拟仿真评估法中，需要注意以下几点：一是要建立准确的公共建筑能耗模型，以反映建筑的实际能耗情况；二是要选择合适的模拟仿真软件和技术，以确保模拟仿真结果的准确性和可靠性；三是要考虑不同工况对能耗的影响，如季节、天气、人员密度等。

四、分项计量系统节能原理的实际应用案例

（一）分项计量系统实施过程

1.系统选型与设计

经过市场调研和技术比较，该商业综合体选择了一套先进的分项计量系统。该系统包括智能电表、水表、燃气表以及冷热量表等多种高精度计量仪表，能够实现对电、水、燃气、冷热量等多种能源的精确计量。同时，系统还配备了数据采集器和数据处理软件，能够实时采集和传输能耗数据，为后续分析提供基础。

在系统设计方面，根据商业综合体的实际情况，将建筑划分为不同的区域和功能模块，如购物中心、餐饮区、办公区、停车场等，并为每个区域和功能模块安装了相应的计量仪表。通过合理的系统布局和仪表配置，确保了能耗数据的全面性和准确性。

2.安装调试与运行

在系统安装调试阶段，专业技术人员对计量仪表进行了精确安装和调试，确保了数据的准确性和稳定性。同时，还对数据采集器和数据处理软件进行了配置和测试，确保系统能够正常运行和数据正常传输。

在运行过程中，系统实时采集和传输能耗数据至数据处理中心，管理人员通过数据处理软件对数据进行监控和分析。通过直观的数据图表和报表，管理人员可以清晰地了解各个区域和功能模块的能耗情况，为后续的节能管理提供了有力的数据支持。

（二）分项计量系统节能原理的实际应用

1.能耗数据精确计量与分类记录

通过分项计量系统，该商业综合体实现了对各类能源的精确计量和分类记录。管理人员可以清晰地了解各个区域和功能模块的能耗情况，包括用电量、用水量、燃气消耗量以及冷热量消耗量等。这些数据为后续分析提供了基础，有助于识别高能耗环节和设备。

2. 高能耗环节和设备识别

在获取了精确的能耗数据后，管理人员开始对数据进行深入分析。通过对比不同区域和功能模块的能耗情况，发现某些区域和设备的能耗明显偏高。例如，在购物中心区域，发现某些商铺的用电量异常高；在办公区域，发现某些办公设备的能耗也相对较高。

为了进一步验证这些高能耗环节和设备，管理人员对现场进行了实地勘察和测试。通过实地勘察和测试，确认了这些高能耗环节和设备，为后续采取有针对性的措施提供了依据。

3. 有针对性的措施的实施与效果评估

针对识别出的高能耗环节和设备，该商业综合体采取了一系列有针对性的措施进行节能改造。例如，在购物中心区域，对高能耗商铺的用电设备进行了优化升级，更换了更加节能的灯具和空调设备；在办公区域，对高能耗办公设备进行了调整和优化，减少了不必要的能耗。

在实施了有针对性的措施后，管理人员对节能效果进行了评估。通过对比改造前后的能耗数据，发现能耗显著降低。例如，在购物中心区域，商铺的用电量降低了约20%；在办公区域，办公设备的能耗也降低了约15%。这些节能效果不仅降低了商业综合体的运营成本，还提高了能源利用效率。

（三）案例亮点与启示

1. 数据驱动决策

该商业综合体通过引入分项计量系统，实现了对能耗数据的精确计量和分类记录。这些数据为后续分析提供了基础，有助于识别高能耗环节和设备。通过数据驱动的决策，该商业综合体成功地采取了一系列有针对性的措施进行节能改造，取得了显著的节能效果。

2. 精细化管理

分项计量系统使得商业综合体能够对各个区域和功能模块的能耗情况进行精细化管理。管理人员可以根据不同区域和功能模块的能耗情况，制定更加科学合理的节能措施，提高能源利用效率。

3. 持续优化与改进

节能工作是一个持续优化的过程。该商业综合体通过引入分项计量系统，实现了对能耗数据的实时监测和分析。通过不断优化和改进节能措施，该商业综合体能够持续提升能源利用效率，降低运营成本。

第二节 分项计量系统组成及主要技术

一、分项计量系统的构成要素与功能

（一）分项计量系统的构成要素

1.计量仪表

计量仪表是分项计量系统的基础，它们负责实时采集和记录建筑内各类能源的消耗数据。这些仪表包括但不限于智能电表、水表、燃气表、冷热量表等，它们具有高精度、高稳定性和易于集成的特点。这些仪表通过传感器将采集到的能耗数据转化为电信号，为后续的数据处理和分析提供了原始数据支持。

2.数据采集器

数据采集器是分项计量系统的数据汇聚中心，负责接收来自计量仪表的能耗数据，并将其转化为数字信号进行存储和传输。数据采集器通常具备多种通信接口，如RS485、Modbus、Ethernet等，以便与不同类型的计量仪表进行连接和数据交换。此外，数据采集器还具备数据过滤、校验和压缩等功能，以确保数据的准确性和可靠性。

3.数据处理中心

数据处理中心是分项计量系统的核心，负责对采集到的能耗数据进行处理和分析。数据处理中心通常包括一台或多台高性能计算机服务器，它们运行着专门的能耗监测和管理软件。这些软件能够实时接收来自数据采集器的能耗数据，进行数据清洗、转换、存储和分析，并生成各种形式的报表和图表，以便管理人员直观地了解建筑能耗情况。

4.通信网络

通信网络是分项计量系统的数据传输通道，它负责将采集到的能耗数据

从计量仪表传输到数据采集器，再从数据采集器传输到数据处理中心。通信网络可以是有线的（如以太网、光纤等）或无线的（如Wi-Fi、ZigBee等），具体选择取决于建筑布局、数据传输距离和安全性等因素。

5.用户界面

用户界面是分项计量系统与用户之间的交互接口，它提供了直观、易用的操作界面，使用户能够方便地查看建筑能耗数据、生成报表和图表，以及进行能耗监测和管理。用户界面通常包括Web界面、移动应用等多种形式，以满足不同用户的使用需求。

（二）分项计量系统功能介绍

1.能耗计量与分类记录

分项计量系统能够实时采集和记录建筑内各类能源的消耗数据，并按照不同的分类标准进行记录和存储。例如，可以将电能消耗分为照明用电、空调用电、动力用电等不同类别，以便后续进行更加深入的分析和管理。

2.能耗数据分析与挖掘

通过数据处理中心的分析软件，分项计量系统能够对采集到的能耗数据进行深入分析和挖掘。这些分析可以包括能耗趋势分析、能耗异常检测、能耗模式识别等，以便发现潜在的节能机会和优化空间。例如，通过对比不同时间段或不同区域的能耗数据，可以发现能耗高峰时段或高能耗区域，进而采取有针对性的节能措施。

3.能耗监测与预警

分项计量系统具备实时能耗监测和预警功能，能够及时发现能耗异常或设备故障情况，并发出警报，通知管理人员进行处理。例如，当某个设备的能耗突然增加时，系统可以立即发出警报，以便管理人员及时采取措施避免能源浪费或设备损坏。

4.能耗报表与图表生成

分项计量系统能够自动生成各种形式的能耗报表和图表，以便管理人员直观地了解建筑能耗情况。这些报表和图表可以包括能耗总览图、能耗趋势图、能耗分类图等，以便管理人员从不同角度对建筑能耗进行监测和管理。

5.能耗管理与决策支持

分项计量系统不仅具备能耗监测和分析功能,还能够为管理人员提供能耗管理和决策支持。例如,系统可以根据能耗数据分析结果,为管理人员提供节能改造建议、优化能源使用策略等,以便实现更加高效、可持续的能源管理目标。

二、分项计量系统的主要技术原理剖析

(一)数据采集技术原理

1.计量仪表的工作原理

计量仪表是分项计量系统的感知层,负责实时采集建筑内各类能源的消耗数据。这些仪表通常包括智能电表、水表、燃气表、冷热量表等。以智能电表为例,其工作原理基于电磁感应原理,通过电流互感器或电压互感器将电路中的电流和电压信号转换为微弱的电信号,再经过放大、滤波、A/D转换等处理后,得到数字量的电能数据。这些数据包括电压、电流、功率、电能等,能够全面反映电路的能耗情况。

2.数据采集器的功能实现

数据采集器是分项计量系统的数据汇聚中心,负责接收来自计量仪表的能耗数据,并将其转换为数字信号进行存储和传输。数据采集器通常具备多种通信接口,如RS485、Modbus、Ethernet等,以便与不同类型的计量仪表进行连接和数据交换。在数据采集过程中,数据采集器会对接收到的原始数据进行校验、过滤和压缩处理,以确保数据的准确性和可靠性。同时,数据采集器还会将处理后的数据按照预定格式进行存储,并准备将其传输到数据处理中心。

(二)数据传输技术原理

1.通信网络的构建

通信网络是分项计量系统的数据传输通道,负责将采集到的能耗数据从计量仪表传输到数据采集器,再从数据采集器传输到数据处理中心。通信网络的构建需要考虑多种因素,如建筑布局、数据传输距离、安全性等。在现代建筑中,通信网络通常采用有线和无线相结合的方式。有线网络,如以太网、

光纤等，具有传输速度快、稳定性好的优点，但布线成本较高；无线网络，如Wi-Fi、ZigBee等，则具有布线灵活、成本低的优点，但其传输速度和稳定性可能受到环境因素的影响。因此，在实际应用中需要根据具体情况选择合适的通信方式。

2.数据传输协议的选择

数据传输协议是分项计量系统数据传输过程中的重要规范，它规定了数据格式、传输顺序、校验方式等。在分项计量系统中，常用的数据传输协议包括Modbus、Ethernet/IP、OPC UA等。这些协议各有特点，适用于不同的应用场景。例如，Modbus协议简单易懂、易于实现，广泛应用于工业控制领域；Ethernet/IP协议则基于以太网技术，具有传输速度快、扩展性好的优点；OPC UA协议则是一种跨平台的工业通信协议，支持多种数据类型和设备类型，具有高度的灵活性和可扩展性。

（三）数据处理与分析技术原理

1.数据处理算法

数据处理算法是分项计量系统对采集到的能耗数据进行清洗、转换和存储的关键。这些算法包括数据过滤、去噪、插值、平滑等，能够去除数据中的异常值和噪声，提高数据的准确性和可靠性。同时，数据处理算法还会将处理后的数据按照预定的格式进行存储，以便后续的数据分析和展示。

2.数据分析模型

数据分析模型是分项计量系统对处理后的能耗数据进行深入分析的重要工具。这些模型包括能耗趋势分析模型、能耗异常检测模型、能耗模式识别模型等。通过这些模型，分项计量系统能够发现能耗数据中的规律和异常现象，为节能减排和优化能源使用提供有力支持。例如，能耗趋势分析模型可以揭示建筑能耗随时间的变化规律；能耗异常检测模型则可以及时发现能耗数据中的异常值或异常模式。

3.数据挖掘技术

数据挖掘技术是分项计量系统对能耗数据进行深度挖掘的重要手段。通过数据挖掘技术，分项计量系统可以发现能耗数据中的隐藏信息和潜在规律，为节能减排和优化能源使用提供了新的思路和方法。例如，关联规则挖掘技术可以发现能耗数据中的关联关系,聚类分析技术则可以将相似的能耗数据聚集在一起形成群组进行分析。

(四)数据展示与交互技术原理

1.用户界面的设计

用户界面是分项计量系统与用户之间的交互界面,其设计需要充分考虑用户的使用习惯和需求。一个好的用户界面应该具有直观、易用、美观的特点,能够方便用户查看建筑能耗数据、生成报表和图表以及进行能耗监测和管理。同时,用户界面还应该具备良好的可扩展性和可定制性,以满足不同用户的使用需求。

2.交互方式的实现

交互方式是实现用户与分项计量系统互动的关键。在现代建筑中,交互方式通常采用Web界面、移动应用等多种形式。这些交互方式不仅方便用户随时随地查看建筑能耗数据和管理能耗情况,还能够提供实时反馈和预警功能,使用户能够及时发现和处理能耗问题。

三、分项计量系统技术的选型与配置建议

(一)技术选型原则

1.准确性原则

准确性是分项计量系统最基本的要求。在选型时,应优先选择具有高精度的计量仪表和数据采集器,确保采集到的能耗数据准确无误。同时,数据处理算法和模型也应具备高度的准确性,能够真实反映建筑能耗情况。

2.可靠性原则

可靠性是指系统在长时间运行过程中保持稳定性和无故障运行的能力。在选型时,应充分考虑系统的硬件和软件质量,选择具有良好口碑和可靠性的供应商和产品。此外,系统应具备完善的故障报警和自动恢复机制,确保在出现故障时能够及时通知管理人员并自动恢复正常运行。

3.扩展性原则

随着建筑能源管理需求的不断变化和技术的不断进步,分项计量系统应具备良好的扩展性。在选型时,应优先选择支持模块化设计和易于扩展的产

品,以便在未来根据需要增加新的功能或升级现有系统。

4.兼容性原则

兼容性是指系统与其他设备和系统相互连接和协作的能力。在选型时,应充分考虑系统的通信协议、数据格式和接口标准等,确保系统能够与其他设备和系统无缝对接,实现数据共享和交换。

5.成本效益原则

成本效益是指在满足性能要求的前提下,尽可能降低系统的建设和运行成本。在选型时,应综合考虑系统的初始投资、运行维护成本及长期效益等因素,选择性价比最高的产品和方案。

(二)技术选型建议

1.计量仪表选型

在计量仪表选型时,应优先考虑智能电表、智能水表、智能燃气表等具有高精度、高稳定性和易于集成的产品。这些产品通常具备多种通信接口和扩展功能,能够满足不同应用场景的需求。同时,还应考虑计量仪表的量程、精度等级和工作环境等因素,选择最适合的产品。

2.数据采集器选型

在数据采集器选型时,应优先选择具有高采集速度、大容量存储和多种通信接口的产品。这些产品能够确保实时采集和传输大量的能耗数据,并支持与其他设备和系统的无缝对接。此外,还应考虑数据采集器的可靠性和稳定性等因素,选择具有良好口碑和可靠性的供应商和产品。

3.数据处理软件选型

在数据处理软件选型时,应优先选择具有强大数据分析、处理和展示功能的产品。这些产品能够支持多种数据分析模型和数据挖掘技术,帮助管理人员深入了解建筑能耗情况并发现潜在的节能机会。同时,还应考虑软件的易用性、可扩展性和可定制性等因素,选择最适合的产品。

4.通信网络选型

在通信网络选型时,应综合考虑建筑布局、数据传输距离、安全性和成本等因素。对于大型建筑或建筑群,可以考虑采用光纤环网或以太网等高速、稳定的通信网络;对于小型建筑或单个房间,则可以考虑采用Wi-Fi或ZigBee等无线通信技术。此外,还应考虑通信网络的冗余设计和故障恢复机制等因素,确保系统的稳定性和可靠性。

(三)配置建议

1.计量仪表配置

在计量仪表配置时,应根据建筑的实际能耗情况和监测需求进行合理布局。对于高能耗区域和关键设备,应配置高精度的计量仪表进行实时监测;对于低能耗区域和一般设备,则可以适当降低计量精度和采样频率以降低成本。同时,还应考虑计量仪表的安装位置和维护方便性等因素,确保系统的长期稳定运行。

2.数据采集器配置

在数据采集器配置时,应根据计量仪表的数量和分布情况进行合理设置。对于计量仪表数量较多且分布广泛的区域,可以考虑采用分布式数据采集器架构;对于计量仪表数量较少且集中的区域,则可以采用集中式数据采集器架构。此外,还应考虑数据采集器的通信接口和扩展功能等因素,确保与其他设备和系统的无缝对接。

3.数据处理软件配置

在数据处理软件配置时,应根据实际需求和预算情况进行合理选择。对于需要深入分析和挖掘能耗数据的应用场景,可以考虑采用高级数据分析软件或定制开发专属软件;对于一般应用场景,则可以采用通用数据分析软件或云平台服务等方式实现数据分析和展示功能。

4.通信网络配置

在通信网络配置时,应综合考虑建筑布局、数据传输距离、安全性和成本等因素。对于大型建筑或建筑群,可以考虑采用光纤环网或以太网等高速、稳定的通信网络,并设置冗余路径和故障恢复机制以提高系统的可靠性;对于小型建筑或单个房间,则可以考虑采用Wi-Fi或ZigBee等无线通信技术,并设置加密和认证机制以提高系统的安全性。

四、分项计量系统技术的未来发展趋势预测

(一)技术创新与智能化发展

1.高精度测量与智能化融合

未来,分项计量系统技术将更加注重高精度测量与智能化发展的融合。

随着新能源发电技术的不断进步，对电能计量的精度要求也越来越高。未来的分项计量系统技术将采用更先进的传感器和计量算法，以提高测量的准确性和稳定性。同时，通过引入物联网、大数据、人工智能等先进技术，分项计量系统将具备更强的数据处理能力和更丰富的功能，如远程控制、自动校准、故障预警等，从而实现智能化发展。

2.模块化与标准化设计

为了适应不同行业和领域的需求，分项计量系统技术将向模块化与标准化方向发展。模块化设计可以使系统更易于安装、维护和升级，同时降低生产成本。标准化设计则可以提高系统的兼容性和互操作性，促进分项计量系统技术的广泛应用。

（二）数据管理与分析能力提升

1.大数据分析与决策支持

随着大数据技术的不断发展，分项计量系统技术将更加注重数据的收集、处理和分析能力。通过对海量数据的深入挖掘和分析，分项计量系统可以提供更准确的能耗分析和预测结果，为能源管理提供有力支持。同时，基于大数据分析的结果，分项计量系统还可以为政府决策、企业运营和公众生活提供数据支持。

2.数据可视化与交互性增强

为了提高用户的使用体验，分项计量系统技术将更加注重数据的可视化与交互性。通过采用先进的图形界面和交互技术，分项计量系统可以将复杂的能耗数据以直观、易懂的方式呈现出来，使用户能够更方便地了解系统的运行状态和能耗情况。此外，通过增强交互性，分项计量系统还可以实现用户与系统之间的实时互动，提高能源管理的效率和效果。

（三）跨领域融合与应用拓展

1.跨领域融合

未来，分项计量系统技术将更加注重跨领域融合与应用拓展。通过与其他领域的先进技术相结合，分项计量系统可以实现更广泛的应用。例如，与智能电网技术相结合，分项计量系统可以实现更精准的电力调度和能源管理；与建筑自动化技术相结合，分项计量系统可以实现更高效的建筑能耗监测和管理。

2.应用拓展

随着技术的不断进步和应用场景的不断拓展，分项计量系统技术将在更多领域得到应用。除了传统的能源管理领域外，分项计量系统还可以应用于工业生产、交通运输、环境保护等多个领域。例如，在工业生产中，分项计量系统可以实现对生产设备的能耗监测和管理；在交通运输领域，分项计量系统可以实现对交通工具的能耗监测和管理；在环境保护领域，分项计量系统可以实现对污染源的能耗监测和管理。

(四)政策引导与标准化建设

1.政策引导与支持

未来，政府将继续加强对分项计量系统技术的政策引导和支持。通过出台相关政策文件、加大资金投入和提供税收优惠等措施，政府将推动分项计量系统技术的研发和应用。同时，政府还将加强与国际社会的合作与交流，共同推动分项计量系统技术的发展和应用。

2.标准化建设

为了促进分项计量系统技术的健康发展，未来需要加强标准化建设。通过制定和完善相关标准和规范，可以确保分项计量系统的质量和性能符合要求。同时，标准化建设还可以提高分项计量系统的兼容性和互操作性，促进其在更广泛领域的应用和推广。

(五)市场需求与商业模式创新

1.市场需求增长

随着全球经济的持续发展和科技的不断进步，分项计量系统技术的市场需求将持续增长。特别是在能源管理、设备维护和生产调度等领域，分项计量系统技术将发挥越来越重要的作用。同时，随着人们对环保和可持续发展的关注度不断提高，分项计量系统技术也将得到更广泛的应用。

2.商业模式创新

为了满足市场需求和推动技术发展，分项计量系统技术将不断探索新的商业模式。例如，通过提供基于云平台的远程监控和数据分析服务，分项计量系统技术可以实现更灵活、更便捷的服务方式。同时，通过与其他领域的先进技术相结合，分项计量系统技术还可以探索出更多创新的商业模式和盈利点。

第三节 分项计量系统设计

一、分项计量系统设计的原则与要求

（一）设计原则

1.科学合理性

分项计量系统的设计必须基于科学的原则，充分考虑建筑物的功能、用电特点以及能源管理需求。系统应能够准确、全面地反映建筑物的能耗情况，为能源管理提供可靠的数据支持。同时，系统的设计应符合国家及行业的相关标准和规范，确保系统的合法性和合规性。

2.可操作性

分项计量系统的设计应注重系统的可操作性，即系统应易于安装、调试和维护。这包括选择易于安装和更换的计量仪表、设计合理的布线和接线方案、提供清晰的系统操作手册等。此外，系统还应具备远程监控和故障诊断功能，以便运维人员能够及时发现并解决问题。

3.经济实用性

分项计量系统的设计应在保证性能的前提下，尽可能降低系统的成本。这包括选择性价比高的计量仪表、优化系统的布局和结构、减少不必要的设备和材料等。同时，系统还应具备较长的使用寿命和较低的运维成本，以提高系统的经济性和实用性。

4.稳定可靠性

分项计量系统作为能源管理的重要工具，其稳定性和可靠性至关重要。系统应具备抗干扰能力强、故障率低、数据准确等特点。此外，系统还应具备数据备份和恢复功能，以防止数据丢失或损坏。

5.信息化与智能化

随着信息技术的不断发展，分项计量系统的设计应充分考虑信息化和智能化的要求。系统应具备数据采集、传输、存储和分析能力，能够实时反映建筑物的能耗情况，为能源管理提供决策支持。同时，系统还应具备与其他系统（如智能楼宇系统、能源管理系统等）的集成能力，以实现更全面的能源管理。

（二）设计要求

1.计量点合理布局

分项计量系统的计量点应根据建筑物的功能和用电特点进行合理布局。一般来说，计量点应设置在用电设备的输入端或输出端，以便准确计量设备的能耗情况。同时，计量点的选择还应考虑系统的可扩展性和灵活性，以适应未来可能的变化和升级需求。

具体来说，对于大型公共建筑和国家机关办公建筑，应根据建筑物的功能区域和用电特点进行分区计量。例如，照明插座用电、暖通空调用电、动力设备用电等应分别设置计量点。此外，对于特殊用电设备（如信息中心、洗衣房、厨房等）也应单独设置计量点。

2.计量仪表选型合适

分项计量系统的计量仪表应根据系统的测量要求和精度要求进行选型。一般来说，计量仪表应具备高精度、高稳定性、强抗干扰能力等特点。同时，计量仪表的选择还应考虑系统的成本、安装和维护的便利性等因素。

例如，对于大型公共建筑和国家机关办公建筑，应选择具有高精度、高稳定性和远程通信功能的电能表作为计量仪表。这些电能表应具备实时监测、数据存储和远程传输等功能，以便运维人员能够及时了解建筑物的能耗情况。

3.布线规范与接线可靠

分项计量系统的布线和接线应严格按照国家及行业的相关标准和规范进行。布线应整齐、美观、易于维护，并避免与其他线路产生干扰。接线应牢固可靠，确保电气连接的稳定性和安全性。

在布线过程中，应充分考虑系统的可扩展性和灵活性。例如，对于未来可能增加或修改的计量点，应预留足够的线缆和接口。此外，对于需要远程监控和故障诊断的系统，还应考虑通信线路的布线和接口设置。

4.数据采集准确与传输稳定

分项计量系统的数据采集应准确、全面、实时。数据采集器应具备高精度、高稳定性和强抗干扰能力等特点，并能够与计量仪表进行稳定可靠的通信。同时，数据采集器还应具备数据存储和远程传输功能，以便运维人员能够及时了解建筑物的能耗情况。

在数据传输过程中，应确保数据的准确性和稳定性。对于需要远程传输的数据，应采用加密技术和安全协议进行保护，以防止数据泄露或被篡改。此外，对于需要实时传输的数据，还应考虑网络的带宽和延迟等因素，以确保数据的实时性和准确性。

5.监控系统稳定与数据存储安全

分项计量系统的监控系统应具备稳定可靠的特点，能够实时反映建筑物的能耗情况，并提供报警和故障诊断功能。监控系统应采用先进的软件技术和硬件设备，以确保系统的稳定性和可靠性。

在数据存储方面，应确保数据的安全性和完整性。数据存储设备应具备高可靠性、大容量和易于备份等特点。同时，对于重要数据还应采用加密技术和安全协议进行保护，以防止数据泄露或被篡改。此外，对于需要长期保存的数据，还应考虑数据的归档和存储策略等问题。

6.与配电系统协调设计

分项计量系统的设计应与配电系统的设计相协调。系统应充分考虑配电系统的结构和特点，以便更好地实现能耗的分项计量和管理。例如，在配电系统的设计过程中，应预留足够的计量点和接口，以便后续安装分项计量系统。

同时，分项计量系统的设计还应考虑配电系统的保护和监控要求。系统应具备与配电系统相协调的保护和监控功能，以便在发生故障时能够及时切断故障回路并发出报警信号。此外，系统还应具备与配电系统的通信和联动功能，以便实现更全面的能源管理。

二、分项计量系统设计的流程与方法

（一）分项计量系统设计的流程

分项计量系统的设计流程是一个系统化、规范化的过程，通常包括需求分析、系统设计、设备选型与采购、安装调试、系统测试与验证以及运行维护等阶段。

1.需求分析

需求分析是分项计量系统设计的第一步,也是最为关键的一步。在这一阶段,需要深入了解建筑物的功能、用电特点以及能源管理需求,明确系统的测量范围、精度要求、通信方式、数据存储与处理能力等关键参数。通过与建筑物业主、能源管理专家以及相关技术人员的深入沟通,可以确保需求分析的准确性和全面性。

需求分析的结果将作为后续系统设计的基础,直接影响系统的性能和应用效果。因此,在需求分析阶段应充分重视,确保需求被准确捕捉和有效传达。

2.系统设计

系统设计是分项计量系统设计的核心环节。在这一阶段,需要根据需求分析的结果,制订详细的设计方案。设计方案应包括系统的总体架构、计量点布局、计量仪表选型、通信方式选择、数据存储与处理策略等内容。

系统设计的关键在于确保系统的科学性、合理性和可操作性。通过采用先进的设计理念和技术手段,可以提高系统的性能、可靠性和实用性。同时,系统设计还应充分考虑系统的可扩展性和灵活性,以适应未来可能的变化和升级需求。

3.设备选型与采购

设备选型与采购是分项计量系统设计的重要环节。在这一阶段,需要根据系统设计的要求,选择合适的计量仪表、数据采集器、通信设备等硬件设备。设备选型时,应充分考虑设备的性能、精度、稳定性、成本以及售后服务等因素。

采购过程中应严格遵守相关法律法规和采购程序,确保采购的设备符合设计要求和质量标准。同时,还应与供应商建立良好的合作关系,以便在后续安装调试、系统测试、验证以及运行维护等阶段得到及时的技术支持和售后服务。

4.安装调试

安装调试是分项计量系统设计的重要环节之一。在这一阶段,需要按照设计方案的要求,进行硬件设备的安装、布线和接线等工作。安装调试过程中应严格遵守相关安全规范和操作规程，确保施工质量和人员安全。

安装调试完成后，还需要进行系统的初步调试和测试，以确保系统的正常运行和性能满足设计要求。通过初步调试和测试，可以及时发现并解决问题，为后续的系统测试与验证工作打下基础。

5.系统测试与验证

系统测试与验证是分项计量系统设计的最后一步。在这一阶段，需要对系统进行全面的测试和验证，以确保系统的性能、可靠性和实用性满足设计要求。测试内容应包括系统的数据采集准确性、通信稳定性、数据存储与处理能力以及报警和故障诊断功能等方面。

通过系统测试与验证，可以确保系统的质量和性能达到设计要求，为后续的运行维护工作提供保障。同时，还可以根据测试结果对系统进行优化和改进，提高系统的整体性能和用户体验。

6.运行维护

运行维护是分项计量系统设计的延续和保障。在系统投入运行后，需要定期进行维护和保养工作，以确保系统的长期稳定运行。运行维护内容应包括硬件设备的定期检查、软件系统的更新升级、数据备份与恢复以及故障排查与修复等方面。

通过有效的运行维护工作，可以及时发现并解决问题，提高系统的可靠性和实用性。同时，还可以根据运行维护过程中的经验和反馈，对系统进行持续改进和优化。

（二）分项计量系统设计的方法

分项计量系统设计的方法涉及多个方面，包括系统建模、算法设计、仿真验证以及优化改进等。以下是对这些方法的深入解析。

1.系统建模

系统建模是分项计量系统设计的基础。通过采用合适的建模方法和工具，可以对系统进行全面的描述和分析。建模过程中应充分考虑系统的复杂性、动态性和不确定性等因素，以确保模型的准确性和可靠性。

系统建模的结果将作为后续算法设计、仿真验证以及优化改进的基础。通过模型可以对系统进行深入分析和预测，为系统设计提供有力支持。

2.算法设计

算法设计是分项计量系统设计的关键环节。在这一阶段,需要根据系统设计的要求,设计合适的算法来处理和分析系统采集到的数据。算法设计应充分考虑数据的准确性、实时性和稳定性等因素,以确保算法的有效性和可靠性。

算法设计的内容包括数据采集算法、通信算法、数据存储与处理算法以及报警和故障诊断算法等。通过采用先进的算法设计技术和手段,可以提高系统的性能、可靠性和实用性。

3.仿真验证

仿真验证是分项计量系统设计的重要环节之一。在这一阶段,需要利用仿真工具对系统进行全面的仿真验证和分析。通过仿真验证可以模拟系统的实际运行情况,发现系统可能存在的问题和不足之处,为后续的优化改进工作提供依据。

仿真验证的内容包括系统的性能仿真、可靠性仿真、稳定性仿真以及故障仿真等方面。通过仿真验证可以确保系统的质量和性能达到设计要求,为后续的运行维护工作提供保障。

4.优化改进

优化改进是分项计量系统设计的延续和保障。在系统测试与验证过程中,可能会发现系统存在某些问题和不足之处。针对这些问题和不足之处,需要进行优化和改进工作,以提高系统的整体性能和用户体验。

优化改进的内容包括算法优化、系统架构优化、硬件设备优化以及软件界面优化等。通过采用先进的优化和改进的技术和手段,可以提高系统的性能、可靠性和实用性。同时,还可以根据用户反馈和需求变化对系统进行持续改进和优化。

三、分项计量系统设计中的关键点控制策略

(一)需求分析阶段的关键点控制策略

1.明确测量范围与精度要求

需求分析阶段的首要任务是明确测量范围与精度要求。这包括确定系统需要监测的能源类型(如电、水、气等)、监测区域(如整个建筑物、某个楼层或房间)以及监测的精度要求。这些信息的准确性直接关系到后续系统设计的合理性和实用性。为了确保这一点,需要与建筑物业主、能源管理专家以及相

关技术人员进行充分沟通,明确实际需求和使用场景。

2.理解能源管理需求

除了测量范围与精度要求外,还需要深入理解建筑物业主的能源管理需求。这包括能源数据的采集频率、数据存储周期、报警阈值设置以及数据分析与报告需求等。通过了解这些需求,可以为系统设计提供更有针对性的解决方案,提高系统的实用性和用户满意度。

3.考虑系统扩展性与兼容性

在需求分析阶段,还需要考虑系统的扩展性和兼容性。这包括系统是否能够方便地与现有能源管理系统集成,是否能够支持未来可能增加的监测点位或设备类型等。通过考虑这些因素,可以确保系统在未来能够灵活应对各种变化和挑战。

(二)系统设计阶段的关键点控制策略

1.系统架构设计

系统架构设计是系统设计的基础。在这一阶段,需要确定系统的总体架构,包括数据采集层、数据传输层、数据处理层和应用层等。通过合理的架构设计,可以确保系统各部分协同工作,提高系统的整体性能和可靠性。

在架构设计时,还需要考虑系统的可扩展性和灵活性。这包括是否采用模块化设计,是否支持分布式部署,以及是否方便进行功能扩展等。通过考虑这些因素,可以确保系统在未来能够灵活应对各种变化和挑战。

2.计量点布局与仪表选型

计量点布局和仪表选型是系统设计的关键环节。在这一阶段,需要根据建筑物的功能、用电特点以及能源管理需求,确定合理的计量点布局和仪表选型方案。

在计量点布局时,需要充分考虑监测区域的划分、监测点位的数量以及监测点位的位置等因素。通过合理的布局,可以确保系统能够全面、准确地监测建筑物的能源消耗情况。

在仪表选型时,需要充分考虑仪表的性能、精度、稳定性以及成本等因素。通过选择合适的仪表,可以确保系统能够准确地采集和传输能源数据,提高系统的可靠性和实用性。

3.通信方式选择

通信方式选择是系统设计中的重要环节。在这一阶段,需要确定系统采用的通信方式,包括有线通信和无线通信等。通过选择合适的通信方式,可以确保系统各部分之间的数据传输稳定、可靠且高效。

在选择通信方式时,需要充分考虑监测区域的布局、监测点位的数量以及数据传输的距离等因素。同时,还需要考虑通信方式的安全性、可靠性和稳定性等因素,以确保系统能够稳定运行并保障数据的安全传输。

4.数据存储与处理策略

数据存储与处理策略是系统设计中的重要环节。在这一阶段,需要确定系统的数据存储方式和处理策略,包括数据存储周期、数据存储格式以及数据处理算法等。通过合理的数据存储与处理策略,可以确保系统能够高效、准确地处理和存储能源数据,为后续的数据分析和决策提供支持。

(三)设备选型与采购阶段的关键点控制策略

1.设备性能与精度要求

在设备选型时,需要充分考虑设备的性能和精度要求。这包括设备的测量范围、测量精度、稳定性以及响应速度等因素。通过选择合适的设备,可以确保系统能够准确地采集和传输能源数据,提高系统的可靠性和实用性。

2.设备成本与性价比

除了性能和精度要求外,还需要考虑设备的成本和性价比。这包括设备的采购成本、运行成本以及维护成本等。通过综合考虑这些因素,可以选择性价比最高的设备方案,降低系统的整体成本并提高经济效益。

3.供应商选择与评估

在设备采购阶段,还需要选择合适的供应商并对其进行评估。这包括供应商的资质、信誉、产品质量以及售后服务等。通过选择合适的供应商并对其进行评估,可以确保采购到高质量的设备并获得优质的售后服务。

(四)安装调试阶段的关键点控制策略

1.安装调试规范与标准

在安装调试阶段,需要严格遵守相关的安装调试规范与标准。这包括设备的安装位置、接线方式、调试步骤以及测试方法等。通过遵守相关规范与标准,可以确保系统能稳定运行并保障数据的安全传输。

2.现场勘查与实地测试

在安装调试前,需要进行现场勘查和实地测试。这包括了解监测区域的布局、监测点位的数量以及数据传输的距离等因素。通过现场勘查和实地测试,可以确保系统设计方案符合实际需求,并为后续的安装调试工作提供有力支持。

3.安装调试过程中的质量控制

在安装调试过程中,需要严格控制质量并进行必要的测试和验证。这包括设备的安装质量、接线质量以及数据传输质量等。通过严格的质量控制和必要的测试和验证,可以确保系统能够稳定运行并满足实际需求。

(五)系统测试与验证阶段的关键点控制策略

1.测试方案的制订与执行

在系统测试与验证阶段,需要制订详细的测试方案并执行相关测试。这包括功能测试、性能测试、稳定性测试以及安全性测试等方面。通过制订详细的测试方案并执行相关测试,可以确保系统能够全面、准确地满足实际需求。

2.测试结果的分析与评估

在测试完成后,需要对测试结果进行深入分析和评估。这包括分析测试过程中发现的问题和不足之处,并评估这些问题对系统性能和可靠性的影响程度。通过深入分析和评估测试结果,可以为系统的优化和改进提供有力的支持。

3.系统优化与改进建议

根据测试结果的分析和评估,可以提出相应的系统优化与改进建议。这包括优化系统架构、改进算法设计、提高设备性能以及加强安全防护等方面。通过采纳这些建议并进行相应的优化和改进,可以提高系统的整体性能和可靠性。

四、分项计量系统设计的优化与创新方向探讨

(一)智能化与自动化技术的深度融合

随着物联网、大数据、人工智能等技术的快速发展,智能化与自动化技术

在分项计量系统中的应用日益广泛。通过深度融合这些技术,可以实现计量过程的自动化、精准化和智能化,从而提高能源管理效率。

1.智能计量设备的研发与应用

智能计量设备是智能化与自动化技术在分项计量系统中的应用典范。这些设备利用物联网技术实现远程监控和数据传输,利用传感器技术实现高精度的能源数据采集,利用大数据分析技术进行数据处理和分析。通过智能计量设备,可以实现能源消耗的实时监测、预警和报警,为能源管理提供有力支持。

未来,智能计量设备将更加注重集成化、小型化和低功耗设计,以适应不同场景下的应用需求。同时,通过引入人工智能算法,智能计量设备还可以实现自我诊断、自我修复和自适应调整,进一步提高设备的可靠性和稳定性。

2.自动化计量流程的设计与优化

自动化计量流程的设计与优化是提高计量效率和准确性的关键。通过引入自动化控制技术,可以实现计量过程的自动化和标准化,减少人为因素的干扰和误差。同时,通过优化计量流程,可以缩短计量周期,提高数据更新频率,为能源管理提供更为及时、准确的决策支持。

为了实现自动化计量流程的设计与优化,需要充分考虑计量设备的性能特点、应用场景的实际需求以及数据处理和分析的能力。通过综合运用各种技术手段和方法,可以设计出高效、可靠的自动化计量流程。

(二)数据集成与分析能力的全面提升

在分项计量系统中,数据集成与分析能力对于提升能源管理效率至关重要。通过全面提升数据集成与分析能力,可以实现能源数据的全面采集、高效处理和深入分析,为能源管理提供更为全面、准确的决策支持。

1.数据集成平台的构建与完善

数据集成平台是实现能源数据全面采集和高效处理的基础。通过构建完善的数据集成平台,可以将不同来源、不同格式、不同频率的能源数据进行集成和整合,形成统一的数据视图。这不仅可以提高数据的利用率和准确性,还可以为数据分析提供更为丰富、全面的数据源。

为了构建完善的数据集成平台,需要充分考虑数据的安全性、可靠性和可扩展性。通过采用先进的数据加密技术、备份与恢复机制以及分布式架构等技术手段，可以确保数据集成平台的安全性和可靠性。同时，通过引入模块化设计思想和插件化架构等技术手段，可以提高数据集成平台的可扩展性和灵活性。

2.数据分析算法的研发与应用

数据分析算法是实现能源数据深入分析和决策支持的关键。通过研发和应用先进的数据分析算法，可以对能源数据进行深度挖掘和分析，发现潜在的能源管理问题和改进空间。同时，结合实际应用场景和需求，可以开发出更具针对性和实用性的数据分析模型和应用工具。

为了研发和应用先进的数据分析算法，需要充分考虑算法的效率、准确性和鲁棒性。通过综合运用机器学习、深度学习等人工智能算法以及统计学原理和方法等技术手段，可以开发出更为高效、准确和鲁棒的数据分析算法和应用工具。同时，通过引入可视化技术和交互式界面等技术手段，可以使数据分析结果更加直观、易于理解和应用。

（三）标准化与规范化管理的加强

标准化与规范化管理是确保分项计量系统稳定运行和有效管理的重要保障。通过加强标准化与规范化管理，可以统一技术要求、规范操作流程、降低维护成本并提高管理效率。

1.技术标准的制定与推广

技术标准的制定与推广是实现分项计量系统标准化与规范化管理的基础。通过制定统一的技术标准，可以确保不同厂商生产的计量设备具有互操作性和可替换性；通过推广技术标准的应用，可以提高分项计量系统的普及率和应用水平。

为了制定和推广统一的技术标准，需要充分考虑国内外先进经验和技术发展趋势以及实际应用场景和需求等因素。通过广泛征求意见和专家评审等技术手段，可以制定出科学、合理且具有可操作性的技术标准，并推动其广泛应用。

2.管理流程的规范与优化

管理流程的规范与优化是实现分项计量系统高效运行和有效管理的重要

手段。通过规范操作流程、明确责任分工和优化管理流程等措施，可以提高管理效率并降低维护成本。

为了规范和优化管理流程，需要充分考虑实际应用场景和需求以及人员培训和技能提升等因素。通过制定详细的管理流程和操作规范以及加强人员培训和技能提升等措施和技术手段，可以提高管理效率并降低维护成本。同时，通过引入信息化手段和方法（如远程监控、在线维护等），可以进一步提高管理效率和服务质量。

（四）绿色计量与节能减排理念的融入

绿色计量与节能减排理念的融入是分项计量系统设计的重要方向之一。通过融入这些理念，可以实现能源消耗的精准计量和有效控制，推动可持续发展目标的实现。

1. 绿色计量设备的研发与应用

绿色计量设备是实现绿色计量和节能减排的重要手段之一。通过研发和应用低能耗、高效率且环保的计量设备，可以降低能源消耗和环境污染，并推动可持续发展目标的实现。

为了研发和应用绿色计量设备，需要充分考虑设备的能效比、使用寿命以及环保性能等因素。通过采用先进的制造工艺和材料以及加强设备的维护和保养等技术手段，可以提高设备的能效比和使用寿命，并降低环境污染风险。

2. 节能减排策略的制定与实施

节能减排策略的制定与实施是实现绿色计量和节能减排目标的关键。通过制定科学合理的节能减排策略并加强实施力度和监督考核等措施和技术手段，可以降低能源消耗和环境污染，推动可持续发展目标的实现。

为了制定和实施科学合理的节能减排策略，需要充分考虑实际应用场景和需求以及政策法规和标准要求等因素。通过广泛征求意见和专家评审等手段以及加强政策法规和标准要求的宣传和培训等措施，可以制定出科学、合理且具有可操作性的节能减排策略，并推动其广泛应用和实施。同时，通过引入市场机制和经济激励等手段和方法（如碳排放交易、能效标识等），可以进一步提高节能减排的积极性和效果。

第四节 分项计量系统安装及验收

一、分项计量系统的安装施工规范与要求

（一）安装施工前的准备工作

在安装分项计量系统之前，充分的准备工作是确保项目顺利进行的关键。首先，需要对施工现场进行详细的勘察，了解建筑物的结构、配电系统的布局以及既有设备的情况。这有助于制订合理的施工方案，避免在施工过程中对现有设施造成破坏。

接下来，需要准备必要的施工图纸、技术资料以及所需的设备和材料。施工图纸应详细标注分项计量系统的安装位置、接线方式以及与其他系统的接口等信息。技术资料则应包括设备的使用说明书、安装指南以及相关的国家标准和行业标准。

在设备和材料准备方面，需要确保所有设备均符合设计要求，并具有相应的合格证和检测报告。同时，还需要对设备和材料进行外观检查，确保无损坏或缺陷。

此外，还需要对施工人员进行培训，使其熟悉施工图纸，了解施工流程以及掌握必要的操作技能和安全知识。

（二）电能表的选择与安装

电能表是分项计量系统的核心设备，其选择与安装直接关系到系统的准确性。在选择电能表时，应优先考虑电子式、精度等级为1级及以上的有功电能表。这类电能表具有较高的测量精度和稳定性，能够满足分项计量系统的要求。

在安装电能表时，需要遵循以下规范与要求：

1.安装位置

电能表应安装在干燥、通风、无腐蚀性气体且易于观察和操作的地方。同时，应避免将电能表安装在振动、高温或潮湿的环境中。

2.接线方式

电能表的接线应牢固可靠,接线端子应紧密接触。对于采用电流互感器接入的低压三相四线电能表,其电压引入线应单独接自该支路开关下口的母线上,并另行引出。禁止在母线和电缆连接螺丝处引出。

3.精度等级

电能表的准确度等级应不低于1.0级,以确保测量结果的准确性。

(三)电流互感器的选择与安装

电流互感器是电能表的重要辅助设备,其选择与安装对系统的测量精度和稳定性也有重要影响。在选择电流互感器时,应优先考虑配用电流互感器的精确度等级不低于0.5级的设备。

在安装电流互感器时,需要遵循以下规范与要求:

1.安装位置

电流互感器应安装在电能表的进线侧,以确保测量结果的准确性。同时,应避免将电流互感器安装在振动、高温或潮湿的环境中。

2.接线方式

电流互感器的接线应牢固可靠,接线端子应紧密接触。电流互感器的输出端直接接至接线盒或接线端子,中间不应有任何辅助接点。

3.二次回路导线截面

电流互感器二次回路导线截面应根据实际负载电流进行选择,不宜小于$2.5mm^2$,以确保测量结果的准确性。

(四)数据采集与传输系统的安装与调试

数据采集与传输系统是分项计量系统的重要组成部分,其安装与调试直接关系到系统的数据准确性和实时性。在安装数据采集与传输系统时,需要遵循以下规范与要求:

1.数据采集器

数据采集器应具有数据远传功能,至少应具有RS-485标准串行电气接口,并采用MODBUS标准开放协议或符合DL/T 645—2007《多功能电能表通信规约》中的有关规定。同时,还需要对数据采集器进行配置和调试,以确保其能够正确采集和传输数据。

2.传输线路

传输线路应采用符合国家标准的线缆，并确保线缆的敷设符合安全规范。在敷设过程中，应避免线缆受到机械损伤或化学腐蚀。

3.系统调试

在安装完成后，需要对整个系统进行调试和测试。这包括检查电能表、电流互感器的接线是否正确，数据采集器是否能够正常采集和传输数据，以及系统是否能够稳定运行等。

（五）安全与防护措施

在安装分项计量系统时，安全与防护措施也是不可忽视的重要方面。为了确保施工过程中的安全以及系统运行过程中的安全性和稳定性，需要遵循以下规范与要求：

1.施工安全

在施工过程中，应严格遵守安全操作规程，采取必要的安全防护措施。例如，在断电施工时应悬挂警示标志，穿戴绝缘手套和鞋子等。

2.设备保护

在安装过程中，应对设备进行妥善保护，避免其受到机械损伤或化学腐蚀。同时，还需要对设备进行定期维护和检查，以确保其能够正常运行。

3.防雷与接地

对于安装在室外的设备或线路，应采取必要的防雷与接地措施。这包括安装避雷针、接地网等防雷设施，以及对接地电阻进行测试和调试等。

（六）施工记录与档案管理

在施工过程中，还需要做好施工记录与档案管理工作。这有助于后续的系统维护、升级以及故障排查等工作。施工记录应包括施工图纸、设备清单、接线图、调试记录等信息。而档案管理则应将所有相关文件分类归档保存，并确保文件的完整性和可读性。

二、分项计量系统的验收标准与流程

（一）验收标准概述

分项计量系统的验收标准主要包括技术性能标准、功能实现标准、安装质量标准和文档资料标准4个方面。

1. 技术性能标准

这是验收的核心标准，主要检查系统的测量准确性、稳定性、可靠性等性能指标。例如，电能表的测量精度应满足国家相关标准的要求，电流互感器的变比误差应在允许范围内，数据采集与传输系统的实时性和准确性也应达到设计要求。

2. 功能实现标准

主要评估系统是否实现了预期的功能。例如，系统是否能够准确采集各分项用电数据，是否能够实时上传数据至管理平台，是否支持远程监控和故障报警等功能。

3. 安装质量标准

检查系统的安装质量是否符合相关标准和规范，包括设备的安装位置、接线方式、固定方式等是否符合要求，以及系统整体的布局和美观性等方面。

4. 文档资料标准

主要评估系统验收过程中所需的文档资料是否齐全、准确。这包括施工图纸、设备清单、接线图、调试记录、使用说明书、维护手册等。

(二)验收流程介绍

1. 预验收阶段

预验收是在系统安装完成后，由施工单位或安装单位自行组织的一次初步检查。其主要目的是发现系统安装过程中可能存在的问题或隐患，并及时进行整改。

(1)系统自检

施工单位或安装单位应对系统进行全面的自检，包括设备的安装质量、接线方式、功能实现等方面。

(2)问题整改

在自检过程中发现的问题应及时整改，并记录整改过程和结果。

(3)提交预验收报告

预验收完成后，施工单位或安装单位应编制预验收报告，详细记录预验收过程、发现的问题及整改情况，并提交给验收单位。

2.正式验收阶段

正式验收是由建设单位或相关主管部门组织的一次全面、正式的验收。其主要目的是对系统的技术性能、功能实现、安装质量及文档资料等方面进行全面评估。

(1)验收准备

验收单位应提前制订验收方案,明确验收标准、验收方法和验收流程。同时,还应准备好必要的验收工具和设备。

(2)现场检查

验收单位应组织专业技术人员对系统现场进行检查,包括设备的安装位置、接线方式、固定方式等是否符合要求,以及系统整体的布局和美观性等方面。

(3)功能测试

验收单位应对系统的各项功能进行测试,包括数据采集、传输、处理、存储和展示等方面。测试过程中应模拟实际使用场景,确保系统能够正常运行并满足设计要求。

(4)性能测试

验收单位应对系统的技术性能进行测试,包括测量准确性、稳定性、可靠性等性能指标。测试过程中应使用标准的测试方法和测试设备,确保测试结果的准确性和可靠性。

(5)文档资料审查

验收单位应对施工单位或安装单位提交的文档资料进行审查,包括施工图纸、设备清单、接线图、调试记录、使用说明书、维护手册等。确保文档资料的齐全、准确和完整。

(6)编写验收报告

验收单位应根据现场检查、功能测试、性能测试和文档资料审查的结果编写验收报告。验收报告应详细记录验收过程、发现的问题及整改情况,并对系统的整体质量进行评估。

(7)问题整改与复验

如果在验收过程中发现问题或隐患,验收单位应要求施工单位或安装单位进行整改。整改完成后,验收单位应组织复验,确保问题得到彻底解决。

3.后续跟踪阶段

后续跟踪是在系统正式投入使用后，由建设单位或相关主管部门组织的定期或不定期的检查。其主要目的是确保系统能够持续稳定地运行并满足实际需求。

(1)定期巡检

建设单位或相关主管部门应定期对系统进行巡检，检查设备的运行状况、接线是否松动、数据采集与传输是否正常等。

(2)故障处理

如果在巡检过程中发现系统出现故障或异常情况，应及时进行处理，并记录处理过程和结果。

(3)系统升级与维护

随着技术的不断发展和实际使用需求的变化，系统可能需要进行升级和维护。建设单位或相关主管部门应定期对系统进行评估，并根据需要制订升级和维护计划。

三、分项计量系统安装施工中的质量控制要点

(一)施工前的准备工作

施工前的准备工作是确保施工质量的第一步，它体现了施工管理者对项目工程的熟悉程度和预见性。

1.设计图纸与方案审核

确保设计图纸齐全，能够指导施工人员正确施工。设计图纸应包含设计说明、配电设备和计量系统设备布置图、低压配电系统表计安装位置一次线示意图、表箱内表计的安装布置、电量信号传输接线图、表计接线原理图、低压柜端子布置图、电缆清册、设备材料表以及数据采集器接线图等内容。同时，要对施工方案进行细致审核，确保施工步骤合理、可行。

2.材料与设备检验

对所有进场的电气设备、材料进行全面检验，包括外观、尺寸、性能等方面。核对设备、材料的型号、规格、性能参数是否与设计一致，检查货物是否符合规范要求。对于电能表等关键设备，要确保其精度等级符合要求，如电子式有功电能表的准确度等级应不低于1.0级，并具备数据远传功能。同时，要准

备好备品备件，以备不时之需。

3.工器具与防护设备检查

确保开工前准备的工器具使用性能良好，施工照明用具、临时电源设备、防护设备能够正常使用。这些设备是保障施工安全顺利进行的重要基础。

（二）施工过程中的质量控制

在施工过程中，要严格按照施工图纸和规范进行操作，确保每个细节都得到准确实施。

1.管线敷设

传输的数据线应采用符合国标的RS-485线或符合要求的双绞屏蔽线，确保数据传输的稳定性和抗干扰能力。新建管线应采用JDG管明敷设及塑料线槽明敷设，严格按照国家安装规范进行操作。在节能改造工程中，若部分线路与其他弱电线路共用原有的金属线槽及桥架，要注意其他线路的干扰和对敷设线路的保护。电缆屏蔽层必须接地，以避免产生干扰电流。

2.设备安装

（1）电能表安装

采用电流互感器接入的低压三相四线电能表，其电压引入线应单独接自该支路开关下口的母线上，并另行引出，禁止在母线和电缆连接螺丝处引出。电压、电流回路U、V、W各相导线应分别采用黄、绿、红色单股绝缘铜质线，中性线应采用黑色单股绝缘铜质线，并在导线上加装与图纸相符的端子编号。电流互感器从输出端直接接至接线盒或接线端子，中间不宜有任何辅助接点。电流互感器二次回路导线截面应满足要求，不宜小于$2.5mm^2$。

（2）数据采集器安装

数据采集器用于采集分项计电表和分项计量水表的数据，并上传到服务器。在安装过程中，要确保接线正确、牢固，能够正常采集和传输数据。

（3）其他设备安装

对于计量表箱、电流互感器等设备，要按照设计图纸和规范要求进行安装。确保表箱安装牢固、密封性好，能够保护内部设备免受外界干扰和损坏。电流互感器要安装在正确的位置，其变比、准确等级等参数要符合设计要求。

3.安全与防护

施工中必须执行国家和电力部门制定的有关安全施工规范，确保人身安全和设备安全。严格执行电力部门制定的工作票制度，施工前必须获得配电室值班负责人允许后方可施工。对于不能停电的部位和设备，要采取临时供电措施，保障安全供电。施工人员应具有电力部门颁发的入网施工准入证件，并经过培训合格后方可上岗。

（三）施工后的测试与验收

施工完成后，要进行全面的测试和验收工作，确保分项计量系统能够正常运行，数据准确传输。

1.系统测试

包括采集器、计量仪表、计量系统的数据是否精准、是否上传到管理平台等。要模拟实际使用情况，对系统的各项功能进行全面测试。对于发现的问题要及时整改和处理，确保系统能够正常运行。

2.现场验收

按照设计图纸和规范要求，对现场安装的设备、管线等进行验收。检查设备型号、规格、性能参数是否符合设计要求；检查管线敷设是否规范、美观；检查系统各项功能是否正常实现等。对于不符合要求的地方要及时整改和完善。

3.文档记录

在施工过程中要做好文档记录工作，包括施工图纸、变更记录、测试报告、验收报告等。这些文档是后期系统维护和管理的重要依据。

（四）人员素质控制

人员素质是实现分项计量系统安装施工质量控制的重要保障。

1.择优选用人员

对于每个分项工程的施工团队，要选择具备相关工作经验和职业素养的人员。他们应熟悉施工图纸和规范要求，并能够熟练掌握施工技能和方法。

2.严格培训和管理

对施工人员进行有针对性的培训和管理，提高其施工技能和专业水平。通过培训使他们能够更好地理解施工图纸和规范要求，掌握施工技能和方法。同时，要加强现场管理和监督力度，确保施工人员能够按照规范要求进行施工。

四、分项计量系统验收后的运维管理建议

(一)建立完善的运维管理制度

1.明确运维目标

需要明确分项计量系统运维的总体目标,即确保系统稳定运行、数据准确可靠,满足节能减排工作的信息需求。这一目标是运维管理所有活动的出发点和归宿。

2.制定运维规范

根据系统的实际情况,制定详细的运维规范,包括日常巡检、故障处理、数据备份、系统升级等方面的操作流程和要求。这些规范应成为运维人员日常工作的指导文件。

3.建立责任体系

明确运维团队中各成员的职责和分工,建立责任体系。确保每个环节都有专人负责,出现问题时能够迅速定位责任人并采取措施解决。

(二)加强日常巡检与维护

1.定期巡检

制订巡检计划,定期对分项计量系统进行全面检查。巡检内容包括设备运行状态、数据传输情况、环境温湿度等。通过巡检及时发现潜在问题,防止故障发生。

2.清洁保养

对系统设备进行定期清洁保养,去除灰尘和杂物,确保设备散热良好、运行稳定。同时,对关键部件进行紧固和润滑,延长设备的使用寿命。

3.故障预防

通过分析系统历史数据和运行日志,识别潜在故障模式,并采取预防措施。例如,对易损件进行提前更换,对关键部件进行备件等。

(三)强化数据处理与分析能力

1.数据准确性保障

建立数据质量监控机制,确保采集到的数据准确可靠。定期对数据进行

校验和比对，及时发现并纠正错误数据。

2.数据分析应用

利用数据分析工具和方法，对采集到的数据进行深入分析。通过数据分析发现能耗异常点，识别节能潜力点，评估节能改造效果，为节能减排工作提供科学依据。

3.数据安全管理

加强数据安全管理，防止数据泄露和篡改。采取加密传输、访问控制等措施确保数据安全。

（四）完善故障处理与应急响应机制

1.故障快速响应

建立故障快速响应机制，确保在发生故障时能够迅速定位问题并采取有效措施解决。运维团队应具备快速响应和解决问题的能力。

2.故障原因分析

对发生的故障进行深入分析，找出根本原因并采取措施加以解决。同时，将故障案例和经验教训进行总结和分享，提高团队整体故障处理能力。

3.应急预案制定

针对可能发生的重大故障或突发事件，制定详细的应急预案，包括应急处理流程、应急资源调配、应急演练等方面的内容，确保在突发情况下能够迅速、有序地应对。

（五）提升运维团队的专业能力

1.定期培训

定期组织运维团队进行专业技能培训，提高团队整体专业水平。培训内容可以包括新技术应用、故障处理技巧、数据分析方法等方面。

2.经验分享

鼓励运维团队成员之间进行经验分享和交流，促进知识传递和团队协作。通过经验分享，提高团队整体故障处理能力和创新能力。

3.引入专家支持

对于复杂或难以解决的问题，可以引入外部专家支持，通过专家咨询和指导提高问题解决效率和质量。

(六)加强用户沟通与培训

1.用户沟通

定期与用户进行沟通,了解用户对系统的使用情况和需求变化。根据用户反馈及时调整运维策略和优化系统功能。

2.用户培训

为用户提供系统操作培训和指导,确保用户能够正确、高效地使用系统。同时,向用户宣传节能减排的知识和理念,提高用户的节能减排意识。

3.建立反馈机制

建立用户反馈机制,鼓励用户在使用过程中发现问题并及时反馈。通过用户反馈不断改进系统功能和运维服务质量。

(七)持续优化与改进

1.系统升级

关注业界新技术发展动态,定期对系统进行升级和优化。引入先进技术,提高系统性能和可靠性。

2.流程优化

对运维流程进行持续优化和改进,提高工作效率和质量。通过流程优化,减少不必要的工作环节和重复劳动。

3.成本控制

在保证系统稳定运行和数据准确可靠的前提下,合理控制运维成本。通过优化资源配置、提高工作效率等方式降低运维成本。

(八)注重文档管理与知识积累

1.文档管理

建立完善的文档管理体系,对系统运维过程中的各种文档进行统一管理和归档,包括巡检记录、故障处理记录、数据分析报告等。通过文档管理,方便后续的查询和追溯。

2.知识积累

鼓励运维团队成员进行知识积累和分享,形成知识库和案例库。通过知识积累提高团队整体专业水平和工作效率。

第五章 建筑节能在线监测控制技术的应用现状

第一节 建筑节能在线监测技术与控制技术概述

一、在线监测技术与控制技术的基本概念

（一）在线监测技术

在线监测技术是一种在设备或系统处于正常运行状态下，对其关键参数进行实时、连续或定时监测的技术手段。在建筑节能领域，在线监测技术被广泛应用于监测建筑物的能耗、环境参数以及建筑设备的运行状态，以实现节能降耗、提高能源利用效率的目的。

1.在线监测技术的原理

在线监测技术主要依赖于传感器技术、数据采集与传输技术，以及数据分析与处理技术。传感器作为数据采集的前端，能够实时感知被测对象的物理量，如温度、湿度、光照强度、电流、电压等。这些传感器通常安装在建筑物的关键位置，如空调系统的进风口、出风口，照明系统的开关处，以及建筑物的外墙、屋顶等。传感器采集到的数据通过数据采集器进行初步处理，然后通过有线或无线通信网络传输到中央控制系统或云端服务器。在中央控制系统或云端服务器上，通过数据分析与处理软件对数据进行进一步的分析和处理，以实现对建筑物能耗、环境参数以及建筑设备运行状态的实时监测和评估。

2.在线监测技术的特点

（1）实时性

在线监测技术能够实时监测和采集数据，确保数据的时效性和准确性。

(2)连续性

通过连续监测,可以获取建筑物能耗、环境参数以及建筑设备运行状态的长时间序列数据,为后续的数据分析和处理提供基础。

(3)准确性

传感器技术的不断进步和校准方法的不断完善,使在线监测技术的准确性不断提高。

(4)灵活性

在线监测技术可以根据实际需求进行定制和扩展,满足不同建筑物及其节能需求的监测要求。

(二)控制技术

控制技术是指通过对系统的输入、输出和内部状态进行测量、比较和调节,以实现对系统行为的影响和控制的一种技术。在建筑节能领域,控制技术被广泛应用于建筑设备的智能控制、能源管理系统的优化以及建筑环境的舒适度调节等方面。

1.控制技术的原理

控制技术的核心在于通过传感器采集系统的输入和输出信号,然后利用控制器对这些信号进行处理和分析,最后通过执行器对系统的行为进行调节。在建筑节能领域,传感器可以采集建筑物内外的环境参数(如温度、湿度、光照强度等)、建筑设备的运行状态(如空调系统的运行状态、照明系统的开关状态等)以及能源管理系统的数据(如电能消耗、燃气消耗等)。控制器则根据预设的控制算法和策略,对这些数据进行处理和分析,最后通过执行器(如电动阀门、变频器、智能开关等)对建筑设备的运行状态进行调节,以实现节能降耗、提高能源利用效率的目的。

2.控制技术的类型

在建筑节能领域,常用的控制技术包括开环控制、闭环控制、模糊控制、神经网络控制等。开环控制是指控制器的输出只与输入信号有关,不依赖于系统的反馈信号。这种控制方式简单易行,但控制精度较低。闭环控制则是指控制器的输出不仅与输入信号有关,还与系统的反馈信号有关。通过比较输入信号和反馈信号之间的差异,控制器可以对系统的行为进行精确调节,从而提高控制精度和稳定性。模糊控制和神经网络控制是两种先进的智能控制方式,它们能够模拟人类的思维和决策过程,实现对复杂系统的自适应控制。

二、在线监测技术在建筑节能中的应用领域分析

(一)在线监测技术在建筑能效评估中的应用

建筑能效评估是建筑节能工作的重要环节。传统的能效评估方法往往依赖于人工巡检和定期测试,存在数据获取不及时、不准确等问题。而在线监测技术的应用则为建筑能效评估带来了革命性的变革。

在线监测技术通过安装在建筑内的各类传感器,能够实时、连续地采集建筑能耗数据,包括电力、燃气、水等多种能源的使用情况。这些数据不仅涵盖了建筑整体能耗,还细化到了各个房间、各个设备,甚至具体到每一次能源使用的具体时间和用量。这种精细化的数据采集方式,为建筑能效评估提供了全面、准确的数据基础。

基于这些数据,建筑节能管理人员可以运用专业的能效评估模型和方法,对建筑能效进行量化评估。通过对比历史数据和行业标准,可以清晰地了解建筑的能效水平,识别出能效低下的区域和设备,从而为后续的节能改造提供科学依据。此外,在线监测技术还可以实时监测建筑的能效变化,及时发现并解决能效下降的问题,确保建筑始终处于高效的运行状态。

(二)在线监测技术在建筑能耗监测与管理中的应用

建筑能耗监测与管理是建筑节能工作的另一项重要任务。在线监测技术的应用使得建筑能耗的监测与管理变得更加精准、高效。

在线监测技术通过安装在建筑内的各类传感器,能够实时、连续地采集建筑能耗数据,包括各种能源的使用量、使用时间、使用频率等。这些数据不仅有助于建筑节能管理人员了解建筑的能耗情况,还可以为制定科学的能耗管理策略提供有力支持。

例如,建筑节能管理人员可以通过对能耗数据的分析,发现哪些区域或设备的能耗较高,从而采取有针对性的节能措施。例如,对于能耗较高的区域,可以通过优化建筑设计、改善隔热性能等方式降低能耗;对于能耗较高的设备,则可以通过更换高效节能设备、调整设备运行参数等方式降低能耗。此

外，在线监测技术还可以实时监测建筑的能耗变化，及时发现并解决能耗异常问题，确保建筑始终处于稳定的能耗水平。

除了对能耗数据的实时监测和分析外，在线监测技术还可以实现能耗数据的可视化展示。通过图表、曲线等形式，将能耗数据直观地呈现出来，使得建筑节能管理人员可以更加清晰地了解建筑的能耗情况。这种可视化的展示方式不仅有助于建筑节能管理人员更好地掌握建筑的能耗动态，还可以为节能宣传和教育提供有力的支持。

（三）在线监测技术在建筑环境参数监测中的应用

建筑环境参数监测是保障建筑室内环境质量的重要手段。在线监测技术的应用，使得建筑环境参数的监测变得更加精准、高效。

建筑室内环境参数包括温度、湿度、光照、空气质量等多个方面。这些参数对于建筑室内环境质量具有重要影响。通过在线监测技术，可以实时、连续地采集这些环境参数数据，为建筑室内环境质量的评估和改善提供有力支持。

例如，通过安装在建筑内的温度传感器和湿度传感器，可以实时、连续地采集建筑室内温度和湿度数据。这些数据有助于建筑节能管理人员了解建筑室内环境的舒适程度，从而采取有针对性的措施改善室内环境质量。例如，在夏季高温时期，可以通过开启空调、增加通风等方式降低室内温度；在冬季寒冷时期，则可以通过关闭门窗、增加保温措施等方式提高室内温度。此外，在线监测技术还可以实时监测建筑室内光照和空气质量等参数，为建筑室内环境质量的全面提升提供有力支持。

除了对单个环境参数的监测外，在线监测技术还可以实现多个环境参数的综合监测。通过对多个环境参数数据的分析，可以更加全面地了解建筑室内环境质量，为制定科学的室内环境改善策略提供有力支持。

（四）在线监测技术在建筑节能改造效果评估中的应用

建筑节能改造是提升建筑能效、降低建筑能耗的重要途径。然而，节能改造的效果如何评估一直是建筑节能工作的一大难题。在线监测技术的应用则为建筑节能改造效果评估提供了有力支持。

在节能改造前，可以通过在线监测技术采集建筑能耗数据和环境参数数据，为节能改造提供数据基础。在节能改造后，同样可以通过在线监测技术采集建筑能耗数据和环境参数数据，并与改造前的数据进行对比分析。通过对比分析，可以清晰地了解节能改造的效果，是否达到了预期的节能目标。

此外，在线监测技术还可以实时监测节能改造后的建筑能耗变化和环境参数变化，及时发现并解决可能出现的问题。例如，如果发现节能改造后的建筑能耗并未显著降低，或者室内环境质量并未得到明显改善，建筑节能管理人员可以通过对监测数据的分析，找出问题的根源，并采取相应的措施加以解决。

在线监测技术在建筑节能改造效果评估中的应用，不仅有助于建筑节能管理人员了解节能改造的实际效果，还可以为后续的节能改造提供宝贵的经验借鉴和参考依据。这有助于推动建筑节能改造工作的持续改进和优化，进一步提升建筑能效和降低建筑能耗。

（五）在线监测技术在建筑节能政策制定与实施中的应用

建筑节能政策的制定与实施对于推动建筑节能工作具有重要意义。在线监测技术的应用，则为建筑节能政策的制定与实施提供了有力支持。

通过在线监测技术，可以实时、连续地采集建筑能耗数据和环境参数数据，为建筑节能政策的制定提供科学依据。例如，政府可以通过对大量建筑能耗数据和环境参数数据的分析，了解当前建筑节能工作的整体状况和存在的问题，从而制定出更加科学合理的建筑节能政策。

此外，在线监测技术还可以为建筑节能政策的实施提供有力支持。政府可以通过对监测数据的分析，评估建筑节能政策的实施效果，并根据实际情况进行调整和优化。例如，如果发现建筑节能政策的实施效果不理想，政府可以通过对监测数据的分析，找出问题的根源，并采取相应的措施加以解决。

在线监测技术在建筑节能政策制定与实施中的应用，不仅有助于推动建筑节能政策的科学制定和有效实施，还可以为政府提供更加精准、全面的建筑节能数据支持。这有助于政府更好地了解建筑节能工作的整体状况和存在问题，从而制定出更加符合实际情况的建筑节能政策。

三、控制技术在建筑节能中的实现方式与原理阐述

控制技术作为自动化领域的重要分支，其在建筑节能中的应用日益广泛，为提升建筑能效、实现绿色可持续发展提供了有力支撑。本节将深入解析控

制技术在建筑节能中的实现方式与原理，探讨其如何通过智能化、自动化的手段有效优化建筑能源使用，降低能耗。

在建筑节能中，控制技术的核心在于通过精确的控制策略，对建筑内的各类能耗设备进行智能化管理，确保其在满足使用需求的同时，尽可能减少能源浪费。这一目标的实现，依赖于先进的传感器技术、数据处理技术以及智能控制算法的综合运用。

（一）控制技术的实现方式

1.基于传感器的实时监测与反馈

传感器是控制技术实现的基础，它们如同建筑的“神经末梢”，负责实时监测建筑内外的环境参数（如温度、湿度、光照强度等）以及设备运行状态（如用电量、用水量、用气量等）。这些数据通过数据线或无线网络传输至中央控制单元，为后续的控制决策提供准确的信息支持。

例如，温度传感器可以实时监测室内温度，当温度超出设定范围时，控制系统会自动调整空调或供暖系统的输出功率，以维持室内舒适环境，同时避免能源过度消耗。

2.智能控制算法的应用

智能控制算法是控制技术的“大脑”，它根据传感器采集的数据，运用先进的数学模型和优化算法，计算出最优的控制策略。这些算法能够考虑多种因素，如天气预报、人员流动、设备效率等，从而制订出既满足舒适偏好又节能高效的运行方案。

例如，在照明控制中，智能算法可以根据室外光照强度和室内人员活动情况，自动调节灯光亮度和开启/关闭时间，既保证了足够的照明效果，又避免了不必要的能源浪费。

3.执行器的精确控制

执行器是控制技术的“手脚”，它们根据控制算法的指令，精确调整设备的工作状态。无论是电动阀门、变频器还是智能开关，都能快速响应控制信号，实现设备的精准控制。

如在暖通空调系统中，执行器可以根据控制算法的指令，调节风机的转速、水阀的开度，以精确控制室内温度、湿度和空气质量，达到节能与舒适的最佳平衡。

(二)控制技术的原理阐述

控制技术的原理可以概括为“感知—决策—执行”3个步骤,这一过程在建筑节能中得到了充分体现。

1.感知阶段

感知阶段主要依赖于传感器网络,它们像建筑的“眼睛”和“耳朵”,实时捕捉建筑内外环境的变化和设备运行状态的信息。这些信息通过数据线或无线网络汇聚到中央控制单元,形成全面的数据基础。

数据的准确性和实时性是感知阶段的关键。为了确保数据的可靠性,传感器需要定期校准和维护,同时,数据传输网络也需要具备高度的稳定性和安全性。

2.决策阶段

决策阶段的核心是智能控制算法。这些算法基于先进的数学模型和优化理论,对感知阶段收集到的数据进行深入分析和处理,制定出最优的控制策略。

决策过程需要考虑多种因素,包括建筑的用途、人员的活动规律、设备的能效特性以及外部环境的变化等。通过综合考虑这些因素,控制算法能够制订出既满足使用需求又节能高效的运行方案。

3.执行阶段

执行阶段是将决策阶段制定的控制策略转化为实际行动的过程。执行器根据控制算法的指令,精确调整设备的工作状态,实现建筑的智能化管理。

执行阶段的精度和响应速度是评价控制技术效果的重要指标。为了确保执行的准确性,执行器需要具备高度的可靠性和稳定性。同时,为了快速响应控制信号,执行器的设计也需要考虑其动态性能。

在建筑节能中,控制技术的实现方式与原理紧密相连,共同构成了一个完整的智能化管理系统。通过传感器的实时监测与反馈、智能控制算法的应用以及执行器的精确控制,控制技术能够实现对建筑能耗设备的智能化管理,有效提升建筑的能效水平。

此外,控制技术的实现还依赖于先进的通信技术和云计算平台。通信技术确保了传感器、控制单元和执行器之间的信息畅通无阻，而云计算平台则提供了强大的数据存储和处理能力，使得智能控制算法能够更加高效地运行。

四、在线监测与控制技术的集成应用优势探讨

在建筑节能领域，在线监测技术与控制技术的集成应用正逐渐成为推动行业绿色转型的重要力量。这种集成应用不仅融合了在线监测技术的实时性、精准性，还结合了控制技术的智能化、自动化特点，为建筑能效的提升、能耗的降低提供了全新的解决方案。

（一）实时数据驱动的智能决策

在线监测技术能够实时采集建筑内外的环境参数、设备运行状态以及能耗数据，为建筑能效管理提供了丰富、准确的信息基础。而控制技术的引入，则使得这些实时数据能够得到有效利用，通过智能算法的处理，将其转化为具体的控制指令，实现建筑的智能化管理。

例如，在智能照明系统中，在线监测技术可以实时感知室内光照强度、人员活动情况以及室外天气状况等信息。当室内光照强度不足或人员活动增加时，控制技术会根据预设的节能策略，自动调整灯光的亮度和开启时长，确保室内光照满足使用需求的同时，最大限度地降低能耗。这种基于实时数据的智能决策，不仅提高了建筑能效管理的精准性，还实现了能源的高效利用。

（二）精准预测与预防性维护

在线监测技术能够长期、连续地监测建筑设备的运行状态，积累大量的历史数据。通过对这些数据进行深度分析，可以揭示设备运行的内在规律和潜在故障模式，为预防性维护提供有力支持。而控制技术的引入则使得这种预防性维护成为可能，通过智能算法的预测和判断，提前对设备进行维护和保养，避免故障的发生和能源的浪费。

例如，在暖通空调系统中，在线监测技术可以实时感知设备的运行状态和能耗情况。通过对历史数据的分析，可以预测设备的故障概率和剩余使用寿命。当设备接近故障阈值或能效下降时，控制技术会提前发出预警信号，并自动调整设备的运行状态，以延长设备的使用寿命和降低能耗。这种基于在线监测与控制技术的预防性维护，不仅提高了设备运行的稳定性和可靠性，还降

低了设备的维护成本和能耗水平。

（三）优化能源管理策略

在线监测技术能够全面、准确地掌握建筑的能耗情况，包括不同区域、不同设备、不同时间段的能耗数据。通过对这些数据的分析，可以揭示建筑能耗的内在规律和潜在的节能空间。而控制技术的引入，则使得这些节能空间能够得到有效利用，通过智能算法的优化和调度，实现建筑能源的高效利用。

例如，在智能建筑中，在线监测技术可以实时感知建筑的能耗情况，包括电力、燃气、水等多种能源的使用量。通过对这些数据的分析，可以制定出一套科学合理的能源管理策略，如峰谷电价下的用电调度、不同季节下的供暖制冷策略等。控制技术则会根据这些策略，自动调整设备的运行状态，以实现能源的高效利用和能耗的降低。这种基于在线监测与控制技术的能源管理策略优化，不仅提高了建筑的能效水平，还降低了建筑的运行成本。

（四）提高用户舒适度与满意度

在线监测技术能够实时感知室内环境参数，如温度、湿度、光照强度、空气质量等，为建筑能效管理提供了丰富、准确的信息基础。而控制技术的引入，则使得这些环境参数能够得到有效利用，通过智能算法的处理，将其转化为具体的控制指令，实现室内环境的智能化调节。

例如，在智能办公建筑中，在线监测技术可以实时感知室内光照强度、温度和湿度等信息。当室内光照强度不足或温度、湿度偏离舒适范围时，控制技术会根据预设的节能策略，自动调整窗帘的开合、空调的温度和湿度设置等，以确保室内环境的舒适度。这种基于在线监测与控制技术的室内环境智能化调节，不仅提高了用户的舒适度与满意度，还促进了建筑能效的提升和能耗的降低。

（五）促进建筑能效管理的标准化与规范化

在线监测与控制技术的集成应用，为建筑能效管理提供了统一的数据接口和标准化的管理平台。这使得建筑能效管理能够遵循统一的标准和规范，提高了管理的效率和准确性。同时，这种集成应用还促进了建筑能效数据的共享和交换，为建筑能效管理提供了更加广阔的空间和可能性。

例如，在智能建筑能效管理平台中，在线监测技术能够实时采集建筑内外的环境参数和设备运行状态数据，并将这些数据上传到统一的数据中心。控制技术则根据这些数据进行智能决策和优化调度，实现建筑的智能化管理。同时，这种集成应用还促进了建筑能效数据的共享和交换，为建筑能效管理提供了更加全面、准确的信息支持。这种基于在线监测与控制技术的建筑能效管理标准化与规范化，不仅提高了管理的效率和准确性，还促进了建筑能效管理的持续改进和创新。

（六）推动建筑节能技术的创新与发展

在线监测与控制技术的集成应用，为建筑节能技术的创新与发展提供了强大的动力。这种集成应用不仅推动了传感器技术、通信技术、智能算法等相关技术的快速发展，还促进了建筑节能技术的跨界融合和创新应用。

例如，在智能建筑能效管理领域，在线监测与控制技术的集成应用推动了物联网、大数据、人工智能等技术的深度融合和创新应用。这些新技术不仅提高了建筑能效管理的精准性和智能化水平，还促进了建筑节能技术的跨界融合和创新发展。这种基于在线监测与控制技术的建筑节能技术创新与发展，不仅为建筑行业的绿色转型提供了有力支持，还为全球能源的可持续发展做出了重要贡献。

第二节　节能在线监测控制技术在国内外的发展

一、国外节能在线监测控制技术的发展历程回顾

（一）早期探索与基础奠定（20世纪70年代以前）

在20世纪70年代以前，随着工业化进程的加速，能源消耗急剧增加，能源危机和环境污染问题日益凸显。这一背景下，国外开始关注节能技术的研发与应用。虽然这一时期尚未形成完整的节能在线监测控制体系，但一些基础性的监测与控制技术已经开始萌芽。

例如，在电力行业中，北美一些发达国家从20世纪70年代初就开始采用

热偏差分析法在线监测机组的热耗变化，这可以视为节能在线监测技术的早期探索。这种方法通过调整一些可控参数来进行能损控制，为后续的节能在线监测控制技术的发展奠定了基础。

同时，随着计算机技术的初步发展，一些简单的数据采集与分析系统开始应用于工业生产过程中，为后续的在线监测控制技术的数字化、智能化发展提供了技术支撑。

（二）技术突破与体系构建（20世纪70—90年代）

进入20世纪70年代，随着计算机、通信、传感器等技术的飞速发展，节能在线监测控制技术迎来了重大突破。这一时期，发达国家开始构建较为完整的节能在线监测控制体系，将先进的监测技术与控制算法相结合，实现了对工业生产过程中能源消耗的实时监测与智能控制。

以美国为例，20世纪80年代初，美国电力研究院（EPRI）集中了大批研究人员，并联合众多电力公司及发电厂，开始对火电机组性能在线监测系统进行全面的研究和工程化应用试验。他们的目标是通过对电厂性能进行连续的监测，了解影响电厂性能的各种因素，并对这些因素加以分析和控制，最终提高电厂的运行效率。到1983年，经过详细严密的计划和大量的试验工作，EPRI已提出了测量装置、数据采集与分析系统、在线计算数学模型和应用程序等一系列技术报告，为在电厂全面推广性能在线监测系统打下了坚实的基础。

这一时期，除了电力行业，其他工业领域也开始广泛应用节能在线监测控制技术。例如，在化工、石油、制药等高耗能行业，通过安装在线监测设备，实时采集生产过程中的能耗数据，并结合智能控制算法，对生产过程进行优化控制，显著降低了能耗。

此外，随着环保意识的提升，一些国家开始将节能在线监测控制技术与环境保护相结合，推动绿色可持续发展。例如，德国实施了《关于公共建筑节能管理与设计规范》，明确规定了对建筑进行能耗监控和节能控制。

（三）技术成熟与广泛应用（20世纪90年代至21世纪初）

进入20世纪90年代，随着计算机、通信、传感器等技术的进一步成熟，节能在线监测控制技术也得到了快速发展。这一时期，国外节能在线监测控制技术在精度、稳定性、智能化程度等方面都有了显著提升，并开始广泛应用于各个领域。

在电力行业,美国等发达国家的大型汽轮机组几乎都有配套的性能在线监测系统,这些系统能够实时监测机组的运行状态和能耗情况,并通过智能控制算法对机组进行优化控制,提高运行效率。

在其他工业领域,节能在线监测控制技术也得到了广泛应用。例如,在钢铁、水泥、化工等行业,通过安装在线监测设备,实时监测生产过程中的能耗数据,并结合智能控制算法,对生产过程进行优化控制,显著降低了能耗和碳排放。

此外,随着物联网、大数据、云计算等新兴技术的发展,节能在线监测控制技术也开始向智能化、网络化方向发展。通过构建节能在线监测控制平台,实现数据的远程传输、共享和分析,为节能管理提供更加全面、精准的支持。

(四)创新拓展与未来展望(21世纪初至今)

进入21世纪,随着全球气候变化和能源危机的加剧,节能在线监测控制技术的发展迎来了新的机遇和挑战。国外在这一领域的研究与应用不断创新拓展,推动节能在线监测控制技术向更高水平发展。

一方面,随着传感器技术的不断进步,节能在线监测控制技术的精度和稳定性得到了进一步提升。例如,微纳技术、光电技术、生物技术等的应用,使得监测器件的微型化、多功能化和集成化成为可能,为节能在线监测控制技术的广泛应用提供了更加便捷、高效的手段。

另一方面,随着人工智能、大数据、云计算等技术的快速发展,节能在线监测控制技术的智能化程度不断提高。通过构建智能控制算法模型,实现对生产过程的自适应优化控制,提高能源利用效率。同时,通过数据分析与挖掘技术,发现生产过程中的节能潜力,为节能管理提供更加精准的决策支持。

此外,随着全球能源互联网和智能电网的建设,节能在线监测控制技术也开始向跨领域、跨地域的方向发展。通过构建统一的节能在线监测控制平台,实现不同地区、不同领域之间的信息共享和协同优化控制,推动全球能源的可持续发展。

二、国内节能在线监测控制技术的研发与应用现状

（一）政策推动与标准制定

近年来，中国政府高度重视节能减排工作，将其作为实现可持续发展目标的重要途径。为了推动节能在线监测控制技术的发展，国家出台了一系列相关政策法规，为技术的研发与应用提供了有力的政策保障。例如，国家发展和改革委员会等部门相继发布了多项《关于加快推进用能单位能耗在线监测系统建设的通知》，明确要求各地区、各行业加强能耗在线监测系统的建设和应用，提高能源管理水平。

同时，为了规范节能在线监测控制技术的研发与应用，国家还制定并发布了一系列相关标准和技术规范。这些标准和技术规范涵盖了能耗在线监测系统的技术要求、测试方法、验收规则等方面，为技术的研发与应用提供了统一的技术依据。

（二）技术研发与创新

在政策的推动下，国内节能在线监测控制技术的研发与创新取得了显著成果。一方面，科研机构和企业不断加大研发投入，推动节能在线监测控制技术的不断创新与发展。例如，一些科研机构通过引入物联网、大数据、云计算等新技术，实现了对能耗数据的实时监测、智能分析和远程控制，提高了能源管理的精细化水平。

另一方面，随着技术的不断进步，节能在线监测控制技术的应用范围也在不断扩大。从最初的电力行业逐步拓展到石化、钢铁、建筑、交通等多个领域，为不同行业的节能减排工作提供了有力的技术支持。例如，在石化行业中，通过应用节能在线监测控制技术，实现了对生产过程中的能耗数据进行实时监测和分析，为优化生产工艺、提高能源利用效率提供了有力支持。

（三）系统建设与应用

在技术研发与创新的推动下，国内节能在线监测控制系统的建设与应用取得了显著成效。一方面，各级政府和企业积极投入资金和人力资源，推动节能在线监测系统的建设和应用。例如，一些地方政府通过财政补贴、税收优惠等政策措施，鼓励企业建设能耗在线监测系统，提高能源管理水平。

另一方面，随着技术的不断成熟和应用经验的积累，节能在线监测系统的功能和性能也得到了不断提升。例如，一些先进的能耗在线监测系统不仅具备实时监测、数据分析、节能建议等基本功能，还具备远程控制、预警报警等高级功能，为能源管理提供了更加全面、精准的支持。

在具体应用方面，节能在线监测控制技术在不同领域都展现出了巨大的潜力。以建筑行业为例，随着城市化进程的加速和建筑能耗的急剧增加，节能在线监测控制技术在建筑节能中的应用日益广泛。通过对建筑物的水、电、气、热等能源进行实时监测和数据分析，节能在线监测控制技术可以帮助建筑管理者发现能源消耗的异常和浪费现象，优化能源管理策略，提高能源利用效率。

在工业领域，节能在线监测控制技术的应用同样取得了显著成效。通过对生产过程中的能耗数据进行实时监测和分析，企业可以优化生产工艺和设备的运行方式，降低能源消耗和碳排放。同时，节能在线监测控制技术还可以提供有针对性的节能建议和优化方案，帮助企业实现节能减排的目标。

（四）市场发展与竞争格局

随着节能在线监测控制技术的不断成熟和应用范围的不断扩大，国内节能在线监测控制技术的市场也呈现出蓬勃发展的态势。一方面，市场需求不断增加，推动了节能在线监测控制技术的研发与应用。另一方面，随着技术的不断进步和应用经验的积累，节能在线监测控制技术的性能和功能也得到了不断提升，满足了市场的多样化需求。

在市场竞争方面，国内节能在线监测控制技术的竞争格局逐渐清晰。一方面，一些具有技术实力和市场影响力的企业逐渐崭露头角，成为市场的主导力量。另一方面，随着技术的不断进步和应用经验的积累，新进入者也面临着越来越高的门槛和挑战。

为了保持竞争优势，企业需要不断加强技术研发和创新，提高产品的性能和功能。同时，企业还需要注重市场需求的挖掘和满足，提供个性化的解决方案和服务。此外，企业还需要加强与政府、科研机构以及其他企业的合作与交流，共同推动节能在线监测控制技术的发展与应用。

（五）人才培养与队伍建设

节能在线监测控制技术的发展离不开高素质的人才队伍的支持。近年来，随着节能在线监测控制技术的不断成熟和应用范围的扩大，国内对节能在线监测控制技术人才的需求也在不断增加。为了满足市场需求，高校和科研机构纷纷开设相关专业和课程，培养节能在线监测控制技术的专业人才。

同时，企业也注重人才的引进和培养。一方面，企业通过高薪招聘、股权激励等方式吸引高素质人才加入；另一方面，企业还通过内部培训、外部合作等方式提高员工的专业技能和综合素质。此外，企业还注重与高校和科研机构的合作与交流，共同推动节能在线监测控制技术的发展与应用。

三、国内外节能在线监测控制技术的对比分析

（一）发展历程对比

国外节能在线监测控制技术的发展起步较早，可以追溯到20世纪70年代。随着计算机、通信、传感器等技术的飞速发展，国外在这一领域取得了显著成果。例如，美国在火电机组性能在线监测方面处于世界领先地位，其大型汽轮机组几乎都配有性能在线监测系统，实现了对机组运行状态的实时监测和智能控制。

相比之下，国内节能在线监测控制技术的发展起步较晚，但近年来发展迅速。自20世纪90年代末开始，国内逐步引入和研发节能在线监测控制技术，并在政策推动下取得了显著成效。特别是近年来，随着物联网、大数据、云计算等新兴技术的融合应用，国内节能在线监测控制技术实现了跨越式发展，逐渐缩小了与国外先进水平的差距。

（二）技术水平对比

在技术水平方面，国外节能在线监测控制技术具有较高的自动化、智能化水平。其监测系统通常集成了多种传感器和智能算法，能够实时采集、处理和分析能耗数据，提供精准的节能建议和优化方案。此外，国外在监测系统的稳定性和可靠性方面也表现出色，能够在复杂多变的生产环境中保持高效运行。

国内节能在线监测控制技术虽然起步较晚，但在技术水平和创新能力方面也在不断提升。近年来，国内科研机构和企业不断加大研发投入，推动节能

在线监测控制技术的不断创新与发展。例如，通过引入物联网、大数据等新技术，实现了对能耗数据的实时监测、智能分析和远程控制。同时，国内在监测系统的易用性、可维护性等方面也进行了优化和改进，提高了用户的使用体验和满意度。

(三)应用场景对比

在应用场景方面，国内外节能在线监测控制技术都广泛应用于电力、石化、钢铁、建筑等多个领域。然而，在具体应用场景上，国内外存在一定差异。

国外节能在线监测控制技术更侧重于对大型工业设备的实时监测和优化控制。例如，在电力行业中，国外监测系统能够实时监测发电机组的运行状态和能耗情况，通过智能算法对机组进行优化控制，从而提高运行效率。而在石化、钢铁等行业中，国外监测系统则能够实时监测生产过程中的能耗数据和工艺参数，为优化生产工艺、提高能源利用效率提供有力支持。

国内节能在线监测控制技术则更注重对建筑物、公共设施等小型能耗单元的监测和控制。例如，在建筑行业中，国内监测系统能够实时监测建筑物的水、电、气、热等能源的使用情况，通过数据分析发现能源浪费现象并提供节能建议。此外，国内还在智能交通、智慧城市等领域积极探索节能在线监测控制技术的应用，推动城市能源管理的智能化和精细化。

(四)政策支持对比

在政策支持方面，国内外政府都高度重视节能在线监测控制技术的发展与应用。然而，在具体政策措施上，国内外存在一定差异。

国外政府通常通过制定严格的能耗标准和法规来推动节能在线监测控制技术的发展。例如，欧盟通过制定一系列能效指令和标准，要求成员国在电力、建筑、交通等领域推广节能在线监测控制技术，提高能源利用效率。同时，国外政府还通过提供财政补贴、税收优惠等政策措施来鼓励企业研发和应用节能在线监测控制技术。

国内政府则更注重通过政策引导和示范项目来推动节能在线监测控制技术的发展。例如，国家发展和改革委员会等部门相继发布了多项关于加快推进用能单位能耗在线监测系统建设的通知，明确要求各地区、各行业加强能耗在线监测系统的建设和应用。同时，国内还通过实施节能示范项目、开展节能宣传和培训等方式来推广节能在线监测控制技术，提高全社会的节能意识和参与度。

（五）市场格局对比

在市场格局方面，国内外节能在线监测控制技术的市场都呈现出快速发展的态势。然而，在具体市场格局上，国内外存在一定差异。

国外节能在线监测控制技术的市场主要由几家大型跨国公司主导，这些公司在技术研发、产品制造、市场营销等方面具有显著优势。同时，国外市场还呈现出高度的竞争性和开放性，不同品牌、不同型号的产品在市场上竞争激烈。

国内节能在线监测控制技术的市场则呈现出多元化的发展态势。一方面，国内涌现出一批具有自主知识产权和核心竞争力的企业，这些企业在技术研发、产品制造、市场营销等方面取得了显著成效。另一方面，国内市场还呈现出明显的地域性和行业性特征，不同地区、不同行业对节能在线监测控制技术的需求存在差异。

四、节能在线监测控制技术的国际合作与交流前景

（一）技术互补性促进国际合作

国内外在节能在线监测控制技术方面各有优势，存在显著的技术互补性。国外在传感器技术、数据分析算法、系统稳定性等方面具有深厚的积累，而国内则在系统集成、应用场景拓展、本地化服务等方面具有独特的优势。这种技术互补性为国际合作提供了广阔的空间。通过国际合作，可以引进国外先进的技术和理念，提升国内节能在线监测控制技术的整体水平；同时，也可以将国内的成功经验和应用案例推广到国际市场，实现互利共赢。

（二）市场需求驱动国际合作

随着全球对节能减排的重视，节能在线监测控制技术的市场需求不断增长。各国政府、企业以及科研机构都在积极探索和应用这一技术，以提升能源利用效率、降低能耗成本、减少碳排放。这种市场需求为国际合作提供了强大的动力。通过国际合作，可以共同开发适应不同国家和地区市场需求的产品和服务，拓宽市场渠道，提升市场竞争力。

（三）政策支持加速国际合作

各国政府都在积极推动节能在线监测控制技术的国际合作与交流。通过

制定相关政策、提供资金支持、搭建合作平台等方式，为国际合作提供了有力的保障。例如，中国政府积极鼓励国内企业“走出去”，参与国际竞争与合作，推动节能在线监测控制技术的国际化进程。同时，各国政府还通过签订双边或多边合作协议，加强在节能在线监测控制技术领域的合作与交流，共同推动全球节能减排事业的发展。

（四）国际项目合作深化技术交流

国际项目合作是节能在线监测控制技术国际合作与交流的重要途径。通过共同承担国际项目，各国科研机构和企业可以加强在技术研发、产品应用、市场拓展等方面的合作，实现资源共享、优势互补。例如，在联合国气候变化框架公约（UNFCCC）等国际组织的推动下，各国可以共同开展节能在线监测控制技术的研发与应用项目，推动技术的创新与发展。此外，国际项目合作还可以促进各国在标准制定、认证认可等方面的合作，提升节能在线监测控制技术的国际认可度和影响力。

（五）人才培养与交流推动技术传承与创新

人才是节能在线监测控制技术发展的核心驱动力。通过国际合作与交流，可以加强在人才培养与交流方面的合作，推动技术的传承与创新。例如，各国可以共同开展节能在线监测控制技术的教育与培训项目，培养具有国际视野和创新能力的高层次人才。同时，还可以通过学术交流、技术研讨等方式，促进各国在节能在线监测控制技术领域的知识共享和思维碰撞，激发新的灵感。

第三节　现有节能监测控制技术的应用现状及改进方向

一、现有节能监测控制技术的应用领域与成效分析

（一）工业生产领域的应用与成效

在工业生产领域，节能监测控制技术被广泛应用于各类工厂的生产流程中。通过实时监测生产线上的能耗情况，系统能够精准识别高耗能设备和工序，为企业提供科学的节能改造方案。例如，在钢铁、化工等高能耗行业，节能

监测控制系统可以实时监测炉窑、电机、风机等关键设备的能耗数据,并通过数据分析揭示能耗的规律和趋势。基于这些分析,企业可以采取有针对性的节能措施,如优化设备运行参数、改进工艺流程等,从而显著降低能耗成本。

此外,节能监测控制技术还能够帮助企业预防设备故障和能源浪费。通过实时监测设备的运行状态,系统能够及时发现潜在的故障隐患,提醒企业进行维修或更换部件,避免设备故障导致的能耗激增和生产中断。同时,系统还能够根据生产需求自动调整设备的运行状态,避免设备空转或超负荷运行,进一步提高能源利用效率。

(二)商业建筑领域的应用与成效

在商业建筑领域,节能监测控制技术同样展现出了巨大的应用潜力。随着城市化进程的加速,商业建筑的能耗问题日益凸显。通过安装节能监测控制系统,建筑管理者可以实时监测照明、空调、电梯等关键设施的能耗情况,并根据实际需求进行智能控制。例如,在照明系统中,系统可以根据自然光线的强弱自动调节灯具的亮度,避免过度照明导致能源浪费。在空调系统中,系统则可以根据室内外温差和人员活动情况自动调节空调的运行状态,保持室内环境的舒适度,同时降低能耗。

除了智能控制外,节能监测控制技术还能够为商业建筑提供科学的能源管理策略。通过对历史能耗数据的分析,系统能够揭示出建筑能耗的规律和趋势,帮助管理者制订更加合理的能源使用计划。例如,在商业建筑中,系统可以根据不同时间段的能耗需求,合理安排照明、空调等设备的运行时间,进一步降低能耗成本。

(三)公共设施领域的应用与成效

在公共设施领域,节能监测控制技术也发挥着重要作用。学校和医院作为重要的公共设施,其能耗问题一直备受关注。通过安装节能监测控制系统,这些设施可以实时监测教室、病房等关键区域的能耗情况,并根据实际需求进行智能控制。例如,在教室中,系统可以根据人员活动情况自动调节灯具和空调的运行状态,保持室内环境的舒适度,同时降低能耗。在医院中,系统则可以根据手术室的使用情况自动调节手术灯和空调的运行状态,确保手术室的能源供应充足,同时避免能源浪费。

此外，节能监测控制技术还能够帮助公共设施管理者制定更加科学的能源管理策略。通过对历史能耗数据的分析，系统能够揭示设施能耗的规律和趋势，帮助管理者制订更加合理的能源使用计划。例如，在学校中，系统可以根据不同时间段的能耗需求，合理安排教室、图书馆等区域的照明和空调运行时间，进一步降低能耗成本。

（四）智能家居领域的应用与成效

在智能家居领域，节能监测控制技术正逐渐改变人们的生活方式。通过连接智能电器和传感器，系统能够实时监测家庭内部的能耗情况，并根据实际需求进行智能控制。例如，在智能冰箱中，系统可以根据食物的储存情况自动调节冷藏室和冷冻室的温度，保持食物的新鲜度，同时降低能耗。在智能空调中，系统则可以根据室内外温差和人员活动情况自动调节空调的运行状态，保持室内环境的舒适度，同时降低能耗。

除了智能控制外，节能监测控制技术还能够为家庭用户提供科学的能源管理建议。通过对历史能耗数据的分析，系统能够揭示出家庭能耗的规律和趋势，帮助用户制订更加合理的能源使用计划。例如，在家庭中，系统可以根据不同时间段的能耗需求，合理安排照明、空调等设备的运行时间，进一步降低能耗成本。

二、现有节能监测控制技术存在的问题与挑战剖析

（一）现有节能监测控制技术的应用现状

当前，节能监测控制技术通过实时监测和分析能源使用数据，为各行各业提供了科学的节能决策支持。在工业领域，该技术被广泛应用于生产线上的能耗监测，帮助企业识别高耗能设备和工序，优化生产流程，降低能耗成本。在建筑领域，节能监测控制技术则通过实时监测建筑内部的能耗情况，为建筑管理者提供智能控制策略，提高能源利用效率。此外，该技术还在公共设施和智能家居领域发挥着重要作用，通过智能控制和管理，实现能源的合理分配和高效利用。

（二）存在的问题剖析

1.技术集成度不高

目前，节能监测控制技术往往由多个独立的系统或设备组成，这些系统或设备之间缺乏有效的集成和互通。这导致在实际应用中，数据无法实现无缝传输和共享，影响了节能监测的准确性和效率。此外，不同系统之间的兼容性问题也增加了技术应用的复杂性和成本。

2.数据分析能力不足

节能监测控制技术产生的数据量巨大，但现有的数据分析工具和方法往往无法充分挖掘这些数据的价值。许多系统只能提供基本的能耗统计和报告，缺乏深入的数据分析和挖掘能力，难以为节能决策提供有力支持。

3.智能化程度有限

尽管节能监测控制技术已经具备了一定的智能化功能，但在实际应用中，其智能化程度仍然有限。许多系统仍然需要人工干预才能正常运行，无法实现真正的自动化和智能化控制。这不仅增加了人工成本，也降低了节能监测的效率和准确性。

4.标准不统一

目前，节能监测控制技术缺乏统一的标准和规范，导致不同系统之间的数据格式和接口不一致，难以实现数据的互操作性和共享。这不仅增加了技术应用的难度和成本，也限制了节能监测控制技术的推广和应用。

（三）面临的挑战剖析

1.技术更新迅速

随着物联网、大数据、人工智能等技术的不断发展，节能监测控制技术也在不断更新和迭代。然而，这种快速的技术更新也给技术应用带来了挑战。企业需要不断投入资金和资源来更新和升级技术设备，以适应新的市场需求和技术趋势。

2.数据安全与隐私保护

节能监测控制技术涉及大量的能源使用数据，这些数据往往包含企业的商业秘密和个人隐私信息。然而，在数据传输和存储过程中，这些数据可能面临被窃取、篡改或泄露的风险。因此，如何确保数据的安全性和隐私保护成了一个亟待解决的问题。

3.用户接受度不高

尽管节能监测控制技术具有显著的节能成效，但在实际应用过程中，许多用户对其接受度并不高。一方面，用户可能对技术的复杂性和成本存在顾虑；另一方面，用户可能对节能监测控制技术的实际效果缺乏信任。这导致许多潜在用户选择继续沿用传统的能源管理方式，而不愿尝试新的技术手段。

4.政策与法规滞后

目前，许多国家和地区尚未出台完善的节能监测控制技术相关政策和法规。这导致在实际应用中缺乏明确的指导和规范，容易出现技术滥用、数据泄露等问题。同时，政策与法规的滞后也限制了节能监测控制技术的推广和应用。

三、现有节能监测控制技术的改进方向与措施探讨

（一）现有节能监测控制技术的改进方向

1.提高技术集成度与互操作性

当前，节能监测控制技术往往由多个独立的系统或设备组成，缺乏统一的标准和接口，导致数据无法实现无缝传输和共享。未来的改进方向应着重于提高技术集成度，开发具有统一接口和标准的系统或设备，以实现数据的高效传输和共享。同时，加强不同系统之间的互操作性，确保不同厂商、不同类型的节能监测控制设备能够无缝对接，提高整体系统的兼容性和可扩展性。

2.增强数据分析与挖掘能力

节能监测控制技术产生的数据量巨大，但现有的数据分析工具和方法往往无法充分挖掘这些数据的价值。未来的改进方向应着重于增强数据分析与挖掘能力，引入先进的数据分析算法和工具，对海量数据进行深度挖掘和分析，发现潜在的节能机会和优化方案。同时，结合人工智能、机器学习等技术，实现数据的智能化分析和处理，提高节能监测的准确性和效率。

3.提升智能化与自动化水平

现有节能监测控制技术的智能化和自动化水平有限，往往需要人工干预才能正常运行。未来的改进方向应着重提升智能化与自动化水平，开发具有自主决策和执行能力的智能系统，实现节能监测控制的自动化和智能化。例

如，通过引入智能算法和预测模型，系统能够自动识别高耗能设备和工序，制订并执行节能优化方案，提高整体系统的节能效果。

4.强化数据安全与隐私保护

节能监测控制技术涉及大量的能源使用数据，这些数据往往包含企业的商业秘密和个人隐私信息。未来的改进方向应着重于强化数据安全与隐私保护，采用先进的加密技术和访问控制机制，确保数据在传输和存储过程中的安全性和隐私性。同时，加强对数据泄露和滥用的监测和预警，及时发现并处理潜在的安全风险。

（二）现有节能监测控制技术的改进措施探讨

1.推动技术创新与研发

技术创新是推动节能监测控制技术发展的核心动力。应加大对节能监测控制技术的研发投入，鼓励企业、高校和科研机构加强合作，共同攻克技术难题。同时，积极引进国外先进的节能监测控制技术和经验，推动国内技术的升级换代。此外，还可以通过举办技术交流会、研讨会等活动，促进技术交流和合作，推动节能监测控制技术不断创新和发展。

2.完善标准与规范体系

标准与规范体系是保障节能监测控制技术健康发展的基础。应加快制定和完善节能监测控制技术的相关标准和规范，明确技术要求、测试方法和评价标准，为技术的应用和推广提供有力保障。同时，加强对标准与规范执行情况的监督和检查，确保技术应用的合规性和有效性。

3.加强人才培养与队伍建设

节能监测控制技术的应用需要高素质的专业人才。应加大对节能监测控制技术人才的培养力度，通过开设相关课程、举办培训班等方式，提高人才的专业素养和实践能力。同时，加强人才队伍建设，吸引更多优秀人才投身于节能监测控制技术的研发和应用工作。此外，还可以建立人才激励机制，激发人才的创新活力和工作热情。

4.促进政策引导与支持

政策引导与支持是推动节能监测控制技术发展的重要保障。政府应出台相关政策和措施，鼓励企业采用节能监测控制技术，提高能源利用效率。例如，通过财政补贴、税收减免等优惠政策，降低企业采用节能监测控制技术的成本。同时，加强对节能监测控制技术的宣传和推广，提高公众对节能监测控制技术的认知度和接受度。此外，政府还应加强对节能监测控制技术的监管和评估，确保技术的有效应用和持续改进。

5.加强国际合作与交流

国际合作与交流是推动节能监测控制技术发展的重要途径。应加强与国际组织和相关国家的合作与交流，共同推动节能监测控制技术的研发和应用。通过分享技术成果、交流经验和做法，促进技术交流和合作，推动节能监测控制技术的不断创新和发展。同时，积极参与国际标准和规范的制定工作，提高我国在国际节能监测控制技术领域的话语权和影响力。

四、现有节能监测控制技术的优化与创新路径研究

（一）节能监测控制技术的优化路径

1.标准化与统一化

为了解决数据整合和分析的难题，未来节能监测控制技术应朝着标准化与统一化的方向发展。通过制定统一的数据格式和通信协议，实现不同领域、不同设备之间的数据互联互通。同时，建立标准化的数据分析和处理流程，提高数据处理效率和准确性。

2.智能化与自适应化

随着人工智能技术的快速发展，节能监测控制技术应融入更多智能化元素。通过引入机器学习、深度学习等算法，系统能够自主学习、自我优化，实现对能源使用状况的精准预测和智能调控。此外，系统还应具备自适应能力，能够根据环境变化、设备运行状况等因素自动调整控制策略，实现最优化的能源利用。

3.集成化与模块化

为了满足不同领域、不同用户的多样化需求，节能监测控制技术应朝着集成化与模块化的方向发展。通过集成多种监测和控制功能，实现系统的全面覆盖和高效协同。同时，采用模块化设计思想，将系统拆分为多个独立的模块，方便用户根据实际需求进行灵活组合和升级。

（二）节能监测控制技术的创新路径

1.新技术融合

随着物联网、大数据、云计算等技术的不断成熟，节能监测控制技术应积极探索与这些新技术的融合路径。通过引入物联网技术，实现设备的远程监测和控制；利用大数据技术，对海量能源数据进行深度挖掘和分析；借助云计算技术，提供高效、稳定的计算和存储支持。这些新技术的融合将极大地提升节能监测控制技术的智能化水平和应用能力。

2.应用场景拓展

当前，节能监测控制技术主要应用于工业、建筑、交通等领域。未来，随着技术的不断进步和应用场景的不断拓展，节能监测控制技术将逐渐渗透到更多领域。例如，在农业领域，通过监测农田灌溉、施肥等过程中的能源消耗情况，实现精准农业和节水节肥；在城市管理领域，通过监测城市交通流量、公共照明等过程中的能源消耗情况，实现智慧城市建设和绿色出行。

3.服务模式创新

除了技术本身的创新外，节能监测控制技术的服务模式也需要不断创新。未来，节能监测控制技术将逐渐从单一的产品销售向提供全面解决方案和增值服务转变。例如，为用户提供能源审计、节能改造、能效评估等一站式服务；根据用户的实际需求提供定制化的解决方案；通过数据分析为用户提供能源使用优化建议等。

参考文献

[1]初妍.公共建筑设计原理[M].北京:机械工业出版社,2024.

[2]高玉环,谢崇实,高露.绿色建筑与建筑节能[M].北京:北京理工大学出版社,2024.

[3]胡羽佳.浅析当前国内外建筑节能设计的发展水平[J].山西建筑,2018(34):191-192.

[4]邓光蔚.建筑节能全过程管理及调适方法[J].绿色建筑,2020(5):54-58.

[5]杨丽.绿色建筑设计——建筑节能[M].上海:同济大学出版社,2016.

[6]付祥钊,张慧玲,黄光德.关于中国建筑节能气候分区的探讨[J].暖通空调,2008(2):44-47,17.

[7]林波荣.《绿色建筑评价标准》——室内环境质量[J].建设科技,2015(4):30-33,37.

[8]李安.绿色建筑理念下建筑规划节能设计方法[J].建筑与装饰,2019(11):10,14.

[9]冯圆圆.浅谈在建筑规划设计中实现建筑节能[J].电脑采购,2020(25):151-153.

[10]杨柳.浅谈建筑工程中节能设计的运用[J].模型世界,2024(14):182-185.

[11]石华旺,安俊华,孟辉彬.绿色建筑评价指标体系与评价方法研究[J].山西建筑,2007(22):49-50.

[12]吴鹏.浅议建筑围护结构节能技术及应用[J].中国建筑装饰装修,2023(12):91-93.

[13]李胜任.绿色建造技术在建筑工程施工中的应用[J].中文信息,2023(9):77-78.

[14]赵海明. 供配电系统及设备安全运行探析[J]. 大众科学,2024(22):33-35.

[15]赵万清. 可再生能源技术在建筑行业中的应用[J]. 太阳能学报,2024(5):613.

[16]解晓亮. 零能耗建筑减碳技术分析[J]. 工程建设与设计,2024(22):178-180.

[17]常偎宇. 基于合同能源管理模式的既有公共建筑用能系统节能改造与评估[J]. 绿色建筑,2020(6):97-100.

[18]裘诗杰. 分项计量系统在节能工作中的作用[J]. 中国计量,2015(12):53-54.

[19]王世龙. 能源分项计量与监测系统的研究及应用[J]. 城市建设理论研究(电子版),2014(27):615.

[20]杨建华,董慧芳,杨胜安. 公共建筑用电能耗分项计量方法研究[J]. 智能建筑与智慧城市,2021(6):111-112.

[21]范君. 建筑用能分项计量与监测系统[J]. 科技与企业,2014(9):135-136.

[22]曹芳娣. 节能控制技术在建筑工程建设中的应用[J]. 中国厨卫,2024(11):285-288.

[23]李博. 控制技术在施工机械在线监测中的应用[J]. 工业建筑,2022(2):35.

[24]孙晓飞. 我国节能技术在建筑中的应用[J]. 应用能源技术,2019(8):41-45.